海洋贝类免疫学实验技术

乔 雪 著

中国农业出版社
北 京

PREFACE 前言

海洋贝类是动物界中一个极为重要的类群，其数量大且种类繁多，仅双壳贝类就超过7 500种。海洋贝类也是我国沿海地区重要的水产养殖动物，从北到南的整个沿海地区都有大量分布。目前，我国贝类养殖年产量已经达到1400万t左右，占世界养殖总量的70%左右，其中以牡蛎、扇贝等为代表的双壳贝类产量占海水贝类养殖产量的95%以上。海洋贝类营养丰富、肉质鲜美，不仅有食用价值还有药用价值等，具有多种效益。同时，贝类具有良好的过滤和富集特性，可富集细菌、病毒、农药、工业废料、有毒金属和石油等，起到净化海水的作用，是水生生态系统污染生物监测的重要标志，也是研究环境污染物影响的理想物种。海洋贝类生活在水环境中，它们必须应对生物胁迫（细菌和病毒等）和非生物胁迫（温度、盐度和长期干燥等）的挑战。在漫长的进化过程中，海洋贝类已经发展出一系列有效的策略来保护自己免受各种病原体和环境压力的攻击。近年来，由于疾病暴发和死亡率较高等问题严重威胁着双壳贝类养殖业的健康发展，以及贝类系统发育地位和在全世界水产养殖和水生环境中的重要性日益凸显，人们对贝类免疫学的研究兴趣不断增加，越来越多的科研人员投身于海洋贝类免疫学相关研究中。开展海洋贝类免疫学相关研究，对于发展病害免疫防治技术、支撑海水养殖业的健康持续发展具有重要的意义。尽管当前人们对免疫学和病理学的研究已较为成熟，但是对软体动物特别是贝类的免疫系统及其分子机制的研究仍处于早期阶段，仅在为数不多的海洋贝类中有部分研究，如牡蛎、扇贝、文蛤等。

目前，海洋贝类免疫学相关实验技术仍不成熟，缺少规范化实验指导，仍在参考脊椎动物相关实验方法进行摸索和改良。有一些实验技术在贝类中可以适用，但是大部分技术在贝类中并不适用，如贝类缺乏细胞系、明确的细胞分型、相关分子的特异性抗体等。本书作者所在团队多年致力于海洋贝类免疫学研究，摸索和研制出了一系列相关实验技术方法，本书将以常见的养殖贝类——牡蛎和扇贝为对象，详述海洋贝类免疫学实验技术及其应用。

由于作者水平和时间有限，书中难免存在不足之处，敬请各位读者不吝指正！

编　者

2023年3月

CONTENTS
目录

第一章 海洋贝类实验材料、免疫刺激和样本收集

第一节 扇贝的暂养、饲喂、免疫刺激及样品采集方法

一、常见扇贝种类

1. 栉孔扇贝

栉孔扇贝学名 *Azumapecten farreri*，俗名干贝蛤（由其闭壳肌制成）、海扇；隶属于动物界（Animalia）、软体动物门（Mollusca）、双壳纲（Bivalvia）、珍珠贝目（Pterioida）、扇贝科（Pectinidae），原属栉孔扇贝属（*Chlamys*），现属东氏扇贝属(*Azumapecten*)。原产于我国北部沿海，属温带性贝类。主要分布于我国黄海、渤海、东海以及朝鲜和日本沿海。

2. 海湾扇贝

海湾扇贝学名 *Argopecten irradians*，隶属于动物界、软体动物门、双壳纲、珍珠贝目、扇贝科、原属盘扇贝属（*Patinopecten*），现属海湾扇贝属（*Argopecten*）。原产于俄罗斯、日本，属广温性物种。1981 年由中国科学院海洋研究所和辽宁省海洋水产研究所从日本引进。中国北部沿海（山东半岛和辽宁大连、长山岛等地）及俄罗斯、日本、朝鲜沿海是其主要分布区。

3. 虾夷扇贝

虾夷扇贝学名 *Mizuhopecten yessoensis*，隶属于动物界、软体动物门、

双壳纲、珍珠贝目、扇贝科、虾夷扇贝属（*Mizuhopecten*）。原产于美国大西洋沿岸，属冷水性贝类。1982 年由中国科学院海洋研究所引入我国。我国沿海、美国大西洋沿岸及朝鲜、日本沿海均有分布。

二、形态及习性

1. 栉孔扇贝

栉孔扇贝贝壳较大，一般壳长、壳高为 70 mm 左右，壳宽宽度约为高度的 1/3，壳背缘较直，腹缘呈圆形。壳顶位于背缘，尖，顶角约为 60°。两壳大小及两侧均略对称，右壳较平，左壳较凸，两壳前后耳大小不等，前大后小，壳表多呈浅灰白色。左壳有主要放射肋 10 条左右，右壳约有 20 余条较粗的放射肋，两肋间还有小肋；这些放射肋在壳顶部细而较平，渐至腹缘粗大并生有棘状突起使双壳呈波纹状裙曲。壳色一般为浅褐色、紫褐色，间或亦有黄褐色、杏红色、黄色或灰白色等。贝壳内面颜色较浅，多呈浅粉红色，有与壳面放射肋相应的肋纹。栉孔扇贝属于暖温性种，常生活在低潮线以下水流较急、盐度较高、透明度较大、水深 10～30 m 的岩礁或有贝壳沙砾的硬质海底，以足丝附着侧卧于礁石、贝壳等附着基上，右壳在下。移动时，足丝脱落，开合双壳，在海水中自由游动。雌雄异体，成熟时雄性生殖腺呈乳白色，雌性呈橘红色，精卵分别排至海水中受精、发育和孵化。栉孔扇贝对低温的抵抗力较强，在水温 0 ℃以下也能够成活，最适生长温度为 15～20 ℃，水温超过 25 ℃生长受到抑制，4 ℃以下贝壳几乎不能生长。栉孔扇贝属耐高盐物种，最适盐度范围为 23～34。栉孔扇贝耗氧率高，抗干露的能力较差。食物主要有金藻类、扁藻类、砂藻类、双鞭毛藻和桡足类等。

2. 海湾扇贝

海湾扇贝贝壳多呈圆形，两壳大小形态几乎相等，后耳大于前耳，前耳下方生有足丝孔。两壳面皆布满放射肋，肋呈圆形，较光滑，壳面有放射肋约 18 条，壳面呈黑褐色或褐色。海湾扇贝多数分布在海面下 3～10 m处，属广温性物种，耐温范围 −1～31 ℃，18～28 ℃生长较快，10 ℃以下生长缓慢，5 ℃以下停止生长。海湾扇贝耐盐范围为 16～43，适盐范围为 21～35。在环境不适时，海湾扇贝能自切足丝，用两壳开闭击水进行快速移动。

3. 虾夷扇贝

虾夷扇贝贝壳扇形，右壳较突出，黄白色，左壳稍平，较右壳稍小，呈紫褐色。壳表有 15～20 条放射肋，两侧壳耳有浅的足丝孔。自然分布水深 6～60 m，底质为沙砾。虾夷扇贝为冷水性贝类，生长适温范围 5～23 ℃。在我国北方繁殖季节为 3—4 月，产卵水温为 3～10 ℃。自然种群雌雄比例为 6∶4 左右。虾夷扇贝受精卵在海水中受精后不断发育，初期 D 形幼虫壳长 110～120 μm；经过浮游幼虫阶段，当幼虫平均壳长达到 220～240 μm时出现眼点，随即附着变态，稚贝壳长达 3～4 cm，足丝腺退化。

三、暂养饲喂

实验用扇贝多为一年生或两年生成贝，一般购自养殖场或水产品市场，实验前需通氧暂养 1～2 周，最适水温为 15～20 ℃。养殖密度一般为每 100 L 水体不超过 30 只扇贝，密度大时，每天换水一次；密度适宜时，可 2～3 d 换水一次。可投喂液体或粉末状硅藻、螺旋藻。投喂前，藻粉须经 180 目滤网搓洗。

四、免疫刺激

免疫刺激是海洋贝类免疫学研究的基础操作，但由于贝壳的存在，不同贝类的免疫刺激手段有所不同。在进行扇贝免疫刺激实验时，通常采用闭壳肌注射的方法。左手持扇贝，右手用注射器针头或者硬质的细绳刺激扇贝足丝的根部，待其开壳后用左手拇指卡住两片贝壳，同时右手将 1 mL注射器扎入闭壳肌约半个针头深度，将刺激物注射入扇贝体内。

五、样品采集

1. 血淋巴细胞/血清

血淋巴细胞被认为是贝类重要的免疫细胞，贝类血淋巴细胞的分类主要以染色后细胞质中颗粒物质的有无、密度以及形态等作为指标，一般情况下主要可以分为三种类群：无粒细胞（Agranulocyte）、半粒细胞（Semi-granulocyte）和颗粒细胞（Granulocyte）。大部分海洋贝类的免疫学实验均以血淋巴细胞为研究对象，因此血淋巴细胞的提取和分离是海洋贝类免疫学研究的基础手段。具体步骤如下：左手持扇贝，右手用注射器针头或者硬质的细绳刺激扇贝足丝的根部，待其开壳后用左手拇指卡住两片贝壳，用 5 mL 注射器从闭壳肌或血窦中抽取血淋巴。在闭壳肌处抽取方法：用注射器穿进闭壳肌，注意不要刺穿，直接抽取血淋巴，过程中可适当将注射器转动。在血窦处抽取方法：将扇贝内部的海水适当用吸水纸吸净，用针尖将血窦划破，直接从血窦处吸取血淋巴。利用离心机 4 ℃、800×g 离心 10 min，上清液即为血清，取出血清后获得血淋巴细胞沉淀，可直接加入 1 mL Trizol 吹打悬浮后于－80 ℃冰箱中保存，用于 RNA 制备等相关实验，也可用缓冲液重悬后，用于细胞学实验。

2. 组织样品

将扇贝置于冰上，参考扇贝解剖图（图 1－1），用小号眼科剪和小号眼科镊小心地采集各个组织样品，可以直接使用或者放入冻存管于－80 ℃冰箱中保存备用。

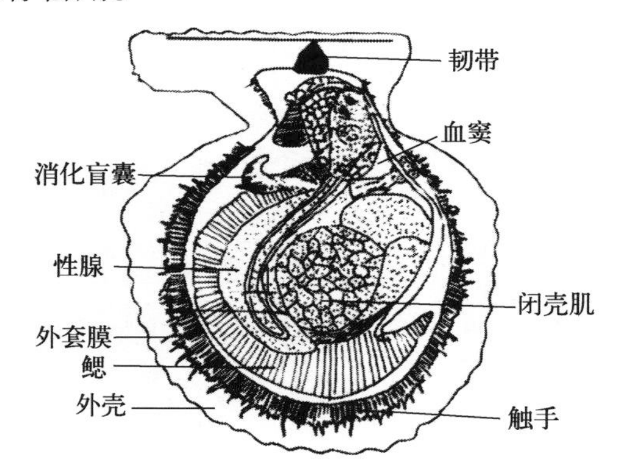

图 1－1　扇贝的各个组织（仿自山东省长岛县科学技术协会）

第二节　牡蛎的暂养、饲喂、免疫刺激及样品采集方法

一、常见牡蛎种类

1. 长牡蛎

长牡蛎学名 *Crassostrea gigas*，也叫太平洋牡蛎、真牡蛎；隶属于动物界、软体动物门、双壳纲、珍珠贝目、牡蛎科（Ostreidae）、巨牡蛎属

(*Crassostrea*)。长牡蛎分布较广，原产于中国、日本、朝鲜及俄罗斯远东地区，后被多个国家和地区引进。我国沿海均有分布。

2. 近江牡蛎

近江牡蛎学名 *Crassostrea rivularis*，以在有淡水入海的河口生长最繁盛而得名，隶属于动物界、软体动物门、双壳纲、珍珠贝目、牡蛎科、巨牡蛎属。近江牡蛎主要分布于中国、日本等地，我国沿海均有分布，以广东、福建较多，是南方的重要经济贝类。

二、形态习性

1. 长牡蛎

长牡蛎具有左右两片贝壳，壳相对较薄，壳表面淡紫色、灰白色或黄褐色。壳长 140～330 mm，高 57～115 mm，壳长约为壳高的 3 倍。右壳较小而扁平，壳面具有水波状的环生鳞片，排列稀疏，略呈波状，层次甚少，无明显放射肋。壳形变化大，呈长圆形或长三角形，左壳凹陷较深，鳞片排列紧密，利用壳顶固着在岩礁石块等坚硬的物体上生长，壳内面瓷白色，内有宽大的韧带槽，闭壳肌痕较大，位于壳的后部背侧，呈棕黄色马蹄形，外套膜边缘呈黑色。长牡蛎营固着生活，左壳固着，右壳可开闭，群居，垂直分布于低潮线附近及浅海。长牡蛎属于广温广盐种，对盐度的适应范围很广，主要分布于低潮线至水深 20 m 的浅海区，在盐度10～37的海区均能栖息，生长最适盐度范围是 20～31。长牡蛎对水温的适应性也较强，一般在水温－3～32 ℃范围内均能生存，适宜水温为 8～32 ℃，最适水温为 15～25 ℃，当水温超过 28 ℃时生长速度缓慢或者生长停滞。长牡蛎是卵生型，雌雄异体，体外受精，一般水温达到 16 ℃时生殖腺开始形成，20 ℃时生殖细胞增多，22 ℃时部分个体性腺开始成熟，大多数在水温达到 23 ℃以上开始产卵。在我国南方，5 月进入繁殖期，在北方，繁殖期在 6—7 月；在整个繁殖季节，常出现 2～4 次繁殖盛期。

2. 近江牡蛎

贝壳呈圆形、卵圆形、三角形或略长，壳坚厚，壳表面黄褐色或暗紫色。壳长一般为 100～242 mm，壳高 70～150 mm。左壳大而厚，背部为附着面，形状不规则。右壳略扁平，表面环生薄而平直的鳞片，1～2 年生的个体鳞片平薄而脆，有时边缘呈游离状，2 年至数年的个体鳞片平坦，有时后缘起伏略呈水波状，多年生者鳞片层层相叠，十分坚厚。壳内面白色或灰白色，边缘常呈灰紫色，凹凸不平，铰合部不具齿，韧带槽长而宽，如牛角形，韧带紫黑色。闭壳肌痕较大，位于中部背侧，淡黄色，形状不规，常随壳形变化而异，大多为卵圆形或肾脏形。近江牡蛎营固着生活，左壳固着，右壳可开闭，群居，垂直分布于河口附近盐度较低的内湾、低潮线至水深约 7 m 水域处。近江牡蛎也属于广温广盐种，适宜盐度为 5～25，适宜温度为 10～33 ℃。卵生型，雌雄异体和雌雄同体都存在，相互间常转换，个体性别也常发生变化，体外受精。在我国南方，5—9 月为繁殖期；我国北方 7—8 月为繁殖期。

三、暂养饲喂

实验用牡蛎多为一年生或两年生成贝，一般购自养殖场或水产品市场，实验前需通氧暂养 1～2 周，最适水温为 15～25 ℃。养殖密度为每 100 L 水体不超过 60 只牡蛎，密度大时，每天换水一次；密度适宜时，可 2～3 d 换水一次。可投喂液体或粉末状硅藻、螺旋藻。投喂前，藻粉须经 180 目滤网搓洗。

四、免疫刺激

与扇贝免疫刺激的方法不同，目前进行牡蛎免疫刺激实验的最优方法为打孔法。具体操作方法是在牡蛎壳距上沿约 2/3 处开始打孔，试探直至能够接触闭壳肌，注意不宜打太深，以免过度破坏闭壳肌，导致牡蛎活力下降。打孔后按照常规方法饲养牡蛎一周左右，即可通过注射器小心通过孔处，将刺激物缓慢注射入闭壳肌。本实验室采用两种打孔方式：垂直钻孔和侧面切孔，具体细节如图 1－2 所示。

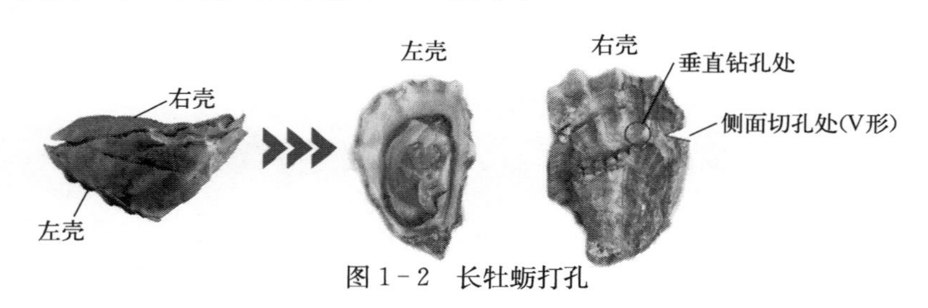

图 1－2　长牡蛎打孔

五、样品采集

1. 血淋巴/血清

使用牡蛎刀按照常规方法打开贝壳后，利用注射器针头挑破血窦膜，从围心腔内小心缓慢抽取血淋巴。若需要分离血细胞及血清，可用 5 mL 注射器抽取 4 ℃预冷的抗凝剂（葡萄糖 20.8 g/L；柠檬酸钠 8.0 g/L；EDTA 3.36 g/L；氯化钠 22.5 g/L；pH 7.5）与血淋巴以 2∶1 比例混匀制成抗凝血。经 4 ℃，800×*g* 离心 10 min，所得上清液即为血清，取出血清后获得血淋巴细胞沉淀，可直接加 Trizol 吹打悬浮后－80 ℃冰箱中保存，用于 RNA 提取分离相关实验；也可用缓冲液重悬后，用于血淋巴细胞滴片等细胞化学实验，或者用于血淋巴细胞的分类等。若需要得到较纯的血清（Cell‐free hemolymph），可将得到的抗凝血清，经 4 ℃，3 000×*g* 离心 15 min 后，再经 0.22 μm 滤器过滤即可。

2. 组织样品

将牡蛎置于冰上，参考牡蛎解剖图（图 1‐3），用小号眼科剪和小号眼科镊小心地采集各个组织样品，可直接使用或于－80 ℃冰箱中保存备用。

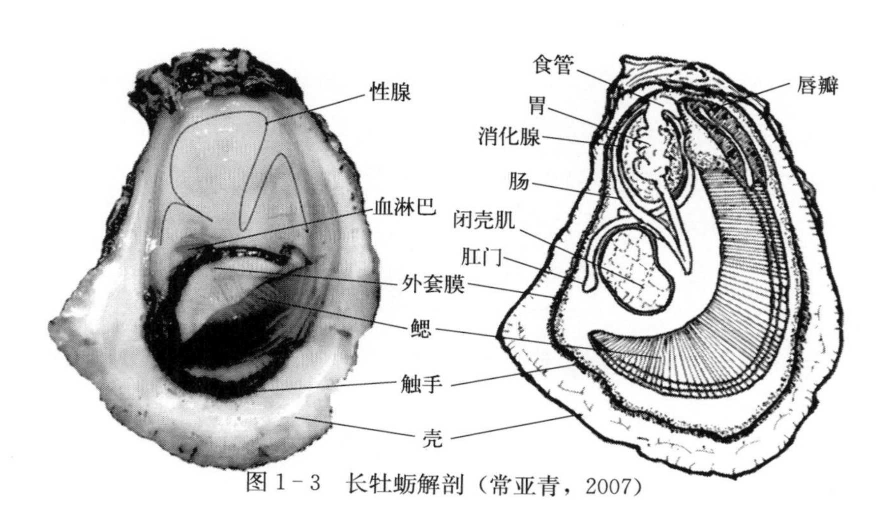

图 1‐3　长牡蛎解剖（常亚青，2007）

第二章
基于核酸的实验方法

第一节　基于蛋白酶 K 法的海洋贝类基因组 DNA 制备

一、基本原理

海洋贝类的基因组 DNA 以染色体的形式存在于细胞核内，制备基因组 DNA 的原则是既要将基因组 DNA 与蛋白质、脂类和糖类等分离，又要保持基因组 DNA 分子完整性。目前，有多种方法可以提取基因组 DNA，这里介绍一种适用于海洋贝类的基于蛋白酶 K 的提取方法。此方法提取基因组 DNA 的一般过程是将分散好的组织细胞在含有十二烷基硫酸钠（Sodium dodecyl sulfate，SDS）和蛋白酶 K（Proteinase K，强力蛋白溶解酶）的溶液中消化分解蛋白质，再用酚和氯仿/异戊醇抽提分离蛋白质，得到基因组 DNA 溶液，再经过乙醇沉淀使基因组 DNA 从溶液中析出。在提取基因组 DNA 的反应体系中，SDS 可破坏细胞膜、核膜，并使组织蛋白与基因组 DNA 分离；乙二胺四乙酸二钠（Ethylene diamine tetraacetic acid，EDTA）则抑制细胞中 DNA 酶的活性；而蛋白酶 K 能在 SDS 和 EDTA 的存在下保持很高的活性，可将蛋白质降解成小肽或氨基酸，使基因组 DNA 分子完整地分离出来。

二、溶液配制

（1）1 mol/L Tris-HCl (pH 8.0)　将 121.14 g Tris 溶于 800 mL 蒸馏水中，用浓盐酸（HCl）调节 pH 至 8.0，定容至 1 000 mL，高压灭菌。

（2）0.5 mol/L EDTA（pH 8.0） 将186.1 g $Na_2EDTA-2H_2O$溶于800 mL蒸馏水中，加NaOH（20 g左右）调节pH至8.0，定容至1 000 mL，高压灭菌。

（3）2 mol/L NaCl 将11.688 g NaCl溶于蒸馏水中，定容至100 mL，高压灭菌。

（4）匀浆缓冲液（表2-1） 室温保存。

表2-1 匀浆缓冲液体系

试 剂	体 积
1 mol/L Tris-HCl（pH 8.0）	1 mL
0.5 mol/L EDTA（pH 8.0）	20 mL
2 mol/L NaCl	5 mL
蒸馏水	定容至100 mL
总体积	100 mL

（5）10% SDS 将100 g SDS溶于900 mL蒸馏水中，加热至60 ℃助溶，加浓盐酸调节pH至7.2，利用蒸馏水定容至1 000 mL。

（6）3 mol/L醋酸钠（CH_3COONa） 将102.06 g $CH_3COONa \cdot 3H_2O$溶于200 mL蒸馏水中，用冰醋酸调节pH至5.2，利用蒸馏水定容至250 mL，高压灭菌，室温保存。

（7）20 mg/mL蛋白酶K 将20 mg蛋白酶K溶于1 mL灭菌超纯水中，按200 μL/份分装，储存于-20 ℃。

（8）70%乙醇 无水乙醇70 mL，加蒸馏水定容至100 mL。

三、操作步骤

（1）取动物组织100 mg剪碎，加入500 μL匀浆缓冲液，混合均匀后加入终浓度为1%的SDS和100 μg/mL的蛋白酶K，55 ℃消化直至完全溶解。

（2）加入等体积的Tris饱和酚，轻轻混合均匀，4 ℃离心机，12 000 r/min，离心20 min。

（3）取上清液于新的离心管中，加入等体积的酚∶氯仿∶异戊醇（25∶24∶1），充分混匀，利用离心机4 ℃，12 000 r/min，离心15 min。

(4) 取上清液于新的离心管中，加入等体积氯仿：异戊醇（24：1），上下颠倒混合均匀，再次利用离心机 4 ℃，12 000 r/min，离心 15 min。

(5) 取上清液，加 1/10 体积的 3 mol/L 醋酸钠和 2 倍体积－20 ℃预冷的无水乙醇，放于－20 ℃冰箱中沉淀过夜。

(6) 利用离心机 4 ℃，10 000 r/min，离心 15 min，弃上清，加入 70%乙醇洗涤沉淀 2 次，室温干燥，用适量双蒸水溶解，－20 ℃保存备用。

四、应用实例

扇贝基因组 DNA 提取

取扇贝肌肉组织 100 mg 剪碎，加入 500 μL 匀浆缓冲液，混合均匀后加入终浓度为 1%的 SDS 和 100 μg/mL 的蛋白酶 K，55 ℃消化直至完全溶解；加入等体积的饱和酚，轻轻混合均匀，于 4 ℃，12 000 r/min 离心 20 min；小心移取上清于新的灭菌离心管，加入等体积的酚：氯仿：异戊醇（25：24：1），混匀，于 4 ℃，12 000 r/min 离心 15 min；小心移取上清于另一离心管，加入等体积氯仿：异戊醇（24：1），上下颠倒混合均匀，于 4 ℃，12 000 r/min 离心 15 min；移取上清，加 1/10 体积的 3 mol/L 醋酸钠和 2 倍体积预冷的无水乙醇，于－20 ℃冰箱中沉淀过夜；4 ℃，10 000 r/min离心 15 min，弃上清，加入 70%酒精洗涤沉淀 2 次，室温干燥，用适量双蒸水溶解，即可提取扇贝肌肉组织基因组 DNA，随后置于－20 ℃冰箱保存备用。进一步利用紫外分光光度计测定 DNA 的浓度和纯度，利用琼脂糖凝胶电泳检测所提取扇贝 DNA 的完整性。结果显示该方法可以完整提取扇贝的基因组 DNA。

第二节　基于 Trizol 类试剂的海洋贝类总 RNA 提取

一、基本原理

研究基因的表达和调控机制时常常需要从组织或细胞中分离和纯化 RNA，以其为模板逆转录制备 cDNA 库。RNA 质量的高低常常影响 cDNA库构建、qPCR 和 Northern blot 等分子生物学实验的成败。对于海洋贝类来说，RNA 提取也是分子生物学和免疫学等研究的基础实验。市面上提取总 RNA 的方法或试剂盒种类很多，这里介绍一种经典的提取方法。Trizol 是一种常见总 RNA 抽提试剂，内含有苯酚、异硫氰酸胍等物质，能迅速破碎细胞，抑制细胞释放出的核酸酶，保护 RNA 的完整性。加入氯仿后离心，样品分成水样层和有机层。RNA 存在于水样层中。收集上面的水样层后，RNA 可以通过异丙醇沉淀析出。

二、相关试剂

RNAiso plus（Trizol 兼容产品），氯仿，异丙醇，无水乙醇，DEPC 处理水（RNAase－free 双蒸水）。

三、操作步骤

（1）将含有 RNAiso plus 的组织或细胞从超低温冰箱中取出，在冰上融化后静置 5 min，用一次性研磨棒研磨样品使组织样充分裂解破碎，如果是血淋巴细胞则使用 1 mL 注射器反复吹打使细胞充分裂解。

（2）每 1 mL RNAiso plus 加入 0.2 mL 氯仿，用力振荡 3 min。利用 4 ℃离心机，12 000×g 离心 15 min，RNA 存在于离心后的上清水相中。

（3）小心将上层水相移至新的离心管中，加入等体积异丙醇，混匀，再放入－80 ℃冰箱沉降 10 min，取出后，利用离心机 4 ℃，12 000×g 离心 15 min，在离心管的底部析出白色 RNA 沉淀。

（4）加入 1 mL 75％的乙醇洗涤 RNA 2 次，4 ℃，12 000×g 离心 5 min。

（5）将 RNA 沉淀放于超净工作台内沉淀干燥 5～10 min 后，加入 20～50 μL DEPC 处理水溶解 RNA。

（6）将 RNA 样品稀释 100 倍，在超微量分光光度计等仪器下测 OD_{260} 及 OD_{280}，OD_{260} ∶ OD_{280} 介于 1.8～2.2 的 RNA 为检测合格样本。单链 RNA 浓度（μg/mL）＝OD_{260}×稀释倍数×40。RNA 的完整性可用变性琼脂糖电泳检查。真核细胞核糖体 RNA 的 28S 组分与 18S 组分的比率应为 2∶1（注意：海洋贝类 RNA 可能不符合该比率）。

（7）提取的 RNA 样品可以进一步用于 cDNA 文库制备（见本章第四节）。

四、应用实例

1. 长牡蛎血淋巴细胞 RNA 提取及 cDNA 文库制备

长牡蛎血淋巴细胞是用无菌注射器把长牡蛎的血淋巴从血窦中抽取出来，与提前在 4 ℃预冷的抗凝剂按照等比例均匀混合，在 4 ℃条件下，800×g，离心10 min，收集血淋巴细胞。根据样本体积向血淋巴细胞样品加入 500～1 000 μL RNAiso plus 或 Trizol 后，用于总 RNA 提取及 cDNA 文库构建。

2. 虾夷扇贝外套膜等组织提取总 RNA 及 cDNA 文库制备

根据实验需求采集虾夷扇贝外套膜等组织样本，加入 500～1 000 μL RNAiso plus 或 Trizol 后轻弹管底，让组织充分浸泡在 Trizol 中，使用液氮速冻样本。使用研磨杵于低温条件下将组织研磨至细碎状态后转入 1.5 mL离心管内，用于总 RNA 提取及 cDNA 文库构建。

第三节　核酸的琼脂糖凝胶电泳

一、基本原理

琼脂糖凝胶电泳是常用的核酸分离手段。琼脂糖是一种线性多糖聚合物，是从红色海藻产物琼脂中提取而来的，当琼脂糖溶液加热到沸点后冷却凝固便会形成良好的电泳介质，其密度是由琼脂糖的浓度决定的。琼脂糖凝胶具有网络结构，分子通过时会受到阻力，大分子在泳动时受到的阻力大，因此在凝胶电泳中，带电颗粒的分离不仅取决于净电荷的性质和数量，而且还取决于分子大小，这就大大提高了其分辨能力。核酸分子在琼脂糖凝胶中泳动时有电荷效应和分子筛效应。核酸分子在高于等电点的溶液中带负电荷，在电场中向正极移动。由于核酸的戊糖-磷酸骨架在结构上具有重复性，长度相同的核酸链几乎具有等量的净电荷，因此它们能以同样的速率向正极方向移动。观察琼脂糖凝胶中核酸的最简单方法是利用荧光染料如溴化乙啶（Ethidium bromide，EB）进行染色，所用的荧光染料含有一个可以嵌入核酸的堆积碱基之间的荧光基团，当染料与核酸结合后呈现荧光。由于 EB 有很强的毒性，目前市面上也有很多 EB 的替代核酸染料，如 SYBR Gold、SYBR Green I、Gene colour 等，在海洋贝类核酸的琼脂糖电泳中均可适用。

二、相关试剂

琼脂糖，电泳缓冲液：1×TAE（40 mmol/L Tris－Acetate，1 mmol/L EDTA），6×Loading buffer（上样缓冲液）。

三、操作步骤

（1）将电泳板放入制胶槽中，插入梳子，梳子的下边缘应高于电泳板 0.5～1.0 mm。

（2）按需称取琼脂糖粉末放入锥形瓶，加入 1×TAE 缓冲液，在微波炉中高温熔化至澄清（分离不同大小的 DNA 片段所用的最适凝胶浓度不用，如 1.0%凝胶浓度适用于 500～10 000 bp 长度的线性 DNA；检测 RNA 一般采用 1.5%的琼脂糖凝胶电泳）。

（3）待琼脂糖溶液冷却至 55 ℃左右时加入终浓度为 0.5 μg/mL 的 EB 或 Gene colour 等核酸染料，混匀，倒入已经放好的电泳板中。

（4）室温冷却 20～30 min 后，拔下梳子，放入电泳槽中。向电泳槽中加入电泳缓冲液，刚好没过凝胶 1 mm。

（5）向核酸样品中加入 1/5 体积的 6×Loading buffer，混匀；用微量移液器将样品或 DNA marker 小心加入到点样孔中。

（6）合上电泳槽盖，接好电极插头，给予小于 5 V/cm 的电压，DNA 应由阴极向阳极泳动（检测 RNA 的琼脂糖凝胶电泳电压 150～180 V，电泳 30 min 左右）。

（7）当电泳足够距离时，关上电源，将凝胶转移至凝胶成像系统中，在紫外灯或蓝光灯下观察，拍照并观察（RNA 电泳中一般会出现 3 个条带，分别为 28S、18S 和 5S rRNA）。

四、应用实例

对长牡蛎 *CgAATase* 基因 PCR 产物进行琼脂糖电泳检测

利用常规方法进行长牡蛎 *CgAATase* 基因的 PCR。将梳子插入到制胶槽的小凹槽内，梳齿底端和电泳板有 1 mm 的间隙；将称量好的 0.5 g 琼脂糖置三角瓶中，加入 50 mL 1×TAE 电泳缓冲液，微波炉加热熔化琼脂糖，熔化的琼脂糖自然冷却到 60 ℃时，加入 5 μL Gene colour 并轻轻混匀。将凝胶倒入准备好的胶床内，凝胶厚度 3～5 mm，室温下静置 30 min 左右，凝胶固化。将凝胶的胶床置于电泳槽中，并使样品孔位于电场负极。向电泳槽中加入电泳缓冲液，越过凝胶表面即可，轻轻拔出固定在凝胶中的梳子。向 5 μL PCR 产物样品加 1 μL 6×Loading buffer，充分混匀，用微量移液器将样品加入到点样孔中，同时加入 Marker，盖上电泳槽，打开电泳仪器电源开关，电泳结束后，按“RUN/STOP”键，取出凝胶。在紫外检测仪中直接观察电泳条带并摄影记录以评价 PCR 的结果。

第四节　用于 qPCR 和 RACE 的 cDNA 合成及加尾反应

一、基本原理

模板 cDNA 的合成是 qPCR 和 cDNA 末端快速扩增技术（Rapid amplification of cDNA ends，RACE）等实验的重要环节。qPCR 主要指在 PCR 反应体系中加入荧光物质，然后通过荧光化学物质监测每次 PCR 反应循环后产物总量的方法，之后通过内参法或外参法对待测样品中的特定 DNA 序列（目的基因）进行定量分析的方法（见本章第六节）。RACE 是一种基于逆转录 PCR 从样本中快速扩增 cDNA 的 5′端及 3′端的技术。以 mRNA 为模板，在逆转录酶的催化和随机引物、oligo（dT）或特异性引物的引导下合成互补 DNA（cDNA），再按照普通 PCR 的方法用两条引物以 cDNA 为模板，则可扩增出不含内含子的可编码完整基因的序列。cDNA 合成根据不同的试剂盒，步骤有所不同，这里介绍两种适用于海洋贝类 cDNA 合成试剂盒的步骤。

二、相关试剂

5×gDNA eraser buffer，gDNA eraser，5×PrimeScript® buffer，PrimeScript® RT enzyme mix I，RT primer mix，Anchored oligo（dT)$_{18}$ primer，2×TS reaction mix，TransScript® RT/RI enzyme mix，gDNA remover，引物 Oligo（dT)$_{17}$，5×M－MLV reaction buffer，2.5 mmol/L dNTPs，Cloned ribonuclease inhibitor，M－MLV reverse transcriptase，5×TdT buffer，2.5 mmol/L dCTP，0.1% BSA，DNA fragment purification kit（Ver. 2.0），RNase freed H_2O 或 DEPC 处理水。

三、操作步骤

（一）PrimeScript™ RT reagent kit with gDNA eraser（全式金）试验步骤

（1）去除基因组 DNA，在 PCR 管中依次按照表 2－2 加入试剂：

表 2－2　去除基因组 DNA 反应体系

试　剂	体　积
5×gDNA eraser buffer	2.0 μL
gDNA eraser	1.0 μL
RNA	1.0 μg
RNase freed H_2O	up to 10.0 μL
总计	10.0 μL

（2）去除反应，将反应体系置于 42 ℃中反应 2 min 或者室温放置 5 min。

（3）反转录反应，反应体系见表 2－3：

表 2－3　反转录反应体系

试　剂	体　积
5×PrimeScript® buffer	4.0 μL
PrimeScript® RT enzyme mix I	1.0 μL
RT primer mix	1.0 μL
步骤（1）的反应液	10.0 μL
RNase freed H_2O	up to 20.0 μL
总计	20.0 μL

（4）反应体系进行反转录的条件为：37 ℃，15 min；85 ℃，5 s。

（5）将合成的 cDNA 模板稀释 40 倍，存于－80 ℃冰箱中，用于后面的实验研究。

（二）TransScript One-Step gDNA removal and cDNA synthesis（Sigma-Aldrich）试验步骤

（1）向0.2 mL PCR管中加入表2-4所示组分。

表2-4　总RNA反转录体系

样品组分名称	体积/重量
总RNA	500～1 500 ng
Anchored oligo（dT)$_{18}$ primer	1 μL
2×TS reaction mix	10 μL
TransScript® RT/RI enzyme mix	1 μL
gDNA remover	1 μL
DEPC处理水	up to 20 μL
总体积	20 μL

37 ℃，轻轻混匀后，产物用于qPCR，42 ℃孵育15 min，85 ℃加热5 s失活*TransScript*®RT/RI与gDNA remover。

（2）向以上反应体系中加入50 mmol/L的带接头的引物Oligo（dT)$_{17}$ 1 μL，70 ℃热变性5 min，冰浴2 min，稍微离心。

（3）向以上反应体系中加入表2-5所示组分。

表2-5　反转录酶灭活体系

样品组分名称	体　积
5×M-MLV reaction buffer	5.0 μL
2.5 mmol/L dNTPs	5.0 μL
Cloned ribonuclease inhibitor	1.0 μL（2.5 U)
M-MLV reverse transcriptase	1.0 μL（200 U)
DEPC处理水	up to 25 μL
总体积	25 μL

轻弹管壁，稍微离心。42 ℃反转录1 h，95 ℃ 5 min灭活反转录酶。

（4）反转录合成的cDNA第一链使用DNA fragment purification kit进行纯化。

(5) 以纯化后的反转录合成的 cDNA 第一链为底物，用末端脱氧核糖核酸合成酶（Terminal deoxynucleotidyl transferase，TdT）在 cDNA 第一链 5′末端加上 poly C 尾巴（用于 5′RACE），反应体系见表 2-6。

表 2-6 cDNA 加尾反应体系

样品组分名称	体 积
DEPC 处理水	6.5 μL
5×TdT buffer	5 μL
2.5 mmol/L dCTP	2.5 μL
0.1% BSA	5 μL
纯化的 cDNA 第一链	10 μL
总体积	29 μL

94 ℃热变性 5 min，冰浴 1 min，稍微离心，加入 1.0 μL TdT 于 37 ℃反应 60～90 min。

注：用于 qPCR 和 RACE 的 cDNA 合成的不同点主要有：用于 qPCR 的 cDNA 合成后无需加尾；用于 RACE 的 cDNA 在最初合成阶段无需进行 DNA 消化。

四、应用实例

1. 扇贝血淋巴细胞 cDNA 模板第一链的合成

(1) 变性　在 0.2 mL 的 PCR 管中依次加入：提取的扇贝淋巴细胞总 RNA（DNase Ⅰ处理过的）1～2 μg，Oligo（dT）2 μL。70 ℃热变性 5 min，冰浴 2 min 后，稍离心。

(2) 反转录　在已完成变性反应的 PCR 管中依次加入：5.0 μL 5×M-MLV反应缓冲液，5.0 μL 无 RNase 的 dNTP（2.5 mmol/L），1.0 μL RNaseE 抑制剂，1.0 μL M-MLV 反转录酶，无 RNase 水调节总体积至 25 μL。42 ℃反转录 1 h，95 ℃ 5 min 灭活反转录酶，以获得 cDNA 模板。

2. 5′RACE 扩增海湾扇贝 *AiECSOD* 基因 5′末端

以 Oligo（dT）在 M-MLV 反转录酶的作用下引导反转录合成 cDNA。用 TdT 在合成的 cDNA 末端加上 poly C 尾，步骤如下：

(1) 热变性　在 0.2 mL 的 PCR 管中依次加入：4.0 μL 无 RNase 水，5.0 μL 5×加尾缓冲液，2.5 μL dCTP (2 mmol/L)，2.5 μL 0.1%BSA，10.0 μL cDNA 第一链。经过 94 ℃热变性 2～3 min，冰浴 1 min 后稍离心。

(2) 加尾反应　在反应体系中加 1.0 μL 的 TdT 于 37 ℃反应 15 min。

以加尾的 dC - cDNA 为模板，用接头引物 Adapterd G (5′- GGC-CACGCGTCGACTAGTACG$_{10}$- 3′) 和目的基因特异性引物 *Ai*ECSOD - R1 (5′- ATCCTTGCGGCACAACACTG - 3′) 进行第一次 PCR，再以 *Ai*ECSOD - R2 引物 (5′- CCTTGGTTTCCCTCTCCTGT - 3′) 和 Anchor primer (AP) 引物 (5′- GGCCACGCGTCGACTAGTAC - 3′) 进行第二次 PCR。将扩增得到 *AiECSOD* 基因的 5′端片段克隆到 pMD18 - Tsimple 载体上，转化大肠杆菌 *E. coli* Top10 感受态细胞，阳性转化子经 PCR 筛选后测序确证序列信息。

第五节　常规 PCR 技术和 RACE 技术

一、基本原理

PCR 技术的基本原理类似于天然 DNA 半保留复制过程，其特异性依赖于与靶序列两端互补的寡核苷酸引物。PCR 是一种体外 DNA 扩增技术，是在模板 DNA、引物和四种脱氧核苷酸存在的条件下，依赖于耐高温 DNA 聚合酶的酶促反应，将待扩增的 DNA 片段与其两侧互补的寡核苷酸链引物经“高温变性-低温退火-引物延伸”三步反应的多次循环进而获得大量目的基因。PCR 三步反应包括：

(1) 模板 DNA 的变性　模板 DNA 双链或经 PCR 扩增形成的双链 DNA 经加热至 94 ℃左右一定时间后解离为单链。

(2) 解链的模板 DNA 与引物的退火（复性）　加热变性成单链的模板 DNA 在温度 40～60 ℃与引物互补序列配对结合。

(3) 引物的延伸　DNA 模板-引物结合物在耐高温的 DNA 聚合酶的作用下，于 72 ℃左右，以四种脱氧核苷酸 (dNTP) 为反应原料，按碱基配对与半保留复制原理，合成一条新的与模板 DNA 链互补的半保留复制链，这种新链又可成为下次循环的模板，使 DNA 片段在数量上呈指数增加，从而在短时间内获得大量特定基因片段。

目前，随着大量海洋贝类基因组信息的公布，目的基因序列信息以及相关引物设计和获取简便了很多，同时也为海洋贝类基因 PCR 过程提供了便捷，也是研究贝类免疫学的基础实验。

二、相关试剂

DNA 聚合酶（例如 rTaq），10×buffer，dNTP mixture，$MgCl_2$（25 mmol/L），引物，模板 DNA。

三、操作步骤

（1）根据目的基因的序列，利用 Primer premier 5 软件设计特异性引物，并由相关公司负责合成，纯化引物。

（2）按照表 2-7 配置 PCR 反应体系。

表 2-7 PCR 反应体系

试剂	体积
10×buffer	2.5 μL
dNTP	2.0 μL
$MgCl_2$	1.5 μL
正向引物	1.0 μL
反向引物	1.0 μL
模板	1.0 μL
PCR 水	15.85 μL
rTaq	0.15 μL
总体积	25 μL

（3）如下设定反应条件（根据实际情况可进行温度和时间的调整）

A. 变性：94 ℃，5 min。

B. 变性：94 ℃，30 s。

C. 退火：引物的 T_m 值减去 5 ℃左右。

D. 延伸：72 ℃，延伸时间视目的片段长度而定，大约 1 min 延伸1 000 bp。

E. 延伸：72 ℃，延伸 10 min。

F. 低温保存，延伸后温度降至 15 ℃。

四、应用实例

长牡蛎血淋巴细胞 *CgcGAS - like* 基因克隆

根据从 NCBI（National Center for Biotechnology Information）获得的 *CgcGAS - like* 基因序列，用 Primer Premier 5 进行特异性引物序列设计（正向引物：CACCAAGGTAGCGCAAATGG，反向引物 AACTT-GAACATATTGTGGTTTGGA），并通过化学合成获得两条引物序列。按照 ExTaq DNA 聚合酶说明书配制 PCR 反应体系：在 PCR 管中加入 2.5 μL 的 10×buffer，2.0 μL 的 dNTP，1.5 μL 的 $MgCl_2$（25 mmol/L），正向引物和反向引物分别 1.0 μL，1.0 μL 的模板，15.85 μL 的 PCR 水，0.15 μL 的 rTaq。PCR 反应条件为：94 ℃预变性 5 min；94 ℃变性 30 s，退火 30 s（退火温度根据引物 T_m 设置），72 ℃延伸 1～2 min，35 个循环；72 ℃终延伸10 min。反应结束后，利用琼脂糖凝胶电泳验证产物。

第六节　基于 SYBR Green 的实时荧光定量 PCR 技术

一、基本原理

实时荧光定量 PCR（Quantitative real time - PCR，qPCR）技术是指在 PCR 反应体系中加入荧光基团，利用荧光信号积累对 PCR 过程进行实时监测，最后通过标准曲线对未知模板进行定量分析的方法。传统的 PCR 定量是一种终点法的检测，而 qPCR 是依赖于荧光信号的扩增进行检测，实现了每一轮循环均检测一次荧光信号的强度。我们通常做的常规 PCR 只是关注 PCR 最后扩增的产物，常通过琼脂糖凝胶电泳进行判断产物扩增情况。而 qPCR 期望对 PCR 反应过程的每一步都能进行监测，而不只是关注 PCR 最终的扩增结果。qPCR 技术已经被广泛应用于海洋贝类相关基因表达水平的检测，如监测细胞 mRNA 表达量的时序性变化，比较不同组织或发育时期的 mRNA 表达差异，免疫刺激后相关基因的表达变化规律等。常用的 qPCR 方法又可以分为 Taqman 探针和 SYBR Green 荧光染料等方法。其中，Taqman 探针法的原理是针对目的基因的 DNA 序列设计一个特异的双荧光标记的寡核苷酸探针。探针 5′端标记的是报告荧光基团，3′端标记淬灭荧光基团，5′端的发射光谱可被 3′端淬灭。探针完整时，由于距离较近，就会发生荧光能量转移，5′端报告基团发射的荧光信号被 3′端淬灭基团吸收。而在 PCR 循环周期中引物延伸时，与目的 DNA 杂交的上述荧光标记探针，会被 Taq 酶的 5′- 3′外切酶活性酶切降解，使报告荧光基团和淬灭荧光基团分离，从而荧光监测系统可接收到荧光信号，对产生的荧光实时监测，即每扩增一条 DNA 链，就有一个荧光分子形成。SYBR Green 是一种结合于所有双链 DNA 双螺旋小沟区域的具有绿色激发波长的染料。该染料在游离状态下，发出微弱的荧光；但其与双链 DNA 结合后，荧光被大大增强。通过检测体系内荧光变化，换算出其中的初始模板量。C_t 值是 qPCR 扩增过程中，荧光信号开始由本底进入指数增长阶段的拐点所对应的循环次数，也就是说，DNA 浓度越高，C_t 值越小，C_t 值与模板 DNA 的起始拷贝数成反比。qPCR 需要选择一定的内参基因，一般选用 *β-ACTIN*、*GAPDH*、*RRNA* 等管家基因，因为它们的表达量受环境因素影响较小。qPCR 实验数据处理常用绝对定量和相对定量。绝对定量是通过标准曲线计算起始的模板拷贝数，而相对定量是通过比较实验组和对照组样品之间目的基因转录本之间的表达差异。其中 $2^{-\Delta\Delta C_t}$ 法是最常用的一种分析相对表达量的方法。这里介绍一种实验室常用的适用于海洋贝类相关基因 qPCR 过程。

二、试剂耗材

SYBR Green master mix，ROX reference dye（TaKaRa，日本），DEPC 处理水，引物，DNA 模板。

三、操作步骤

（1）根据目的基因设计引物，获得引物后利用 qPCR 仪器提前上机检测扩增曲线和溶解曲线，以判断引物是否合适。

（2）在 qPCR 专用 PCR 管中配置 qPCR 体系（表 2－8）：

表 2－8　qPCR 反应体系

浓　度	试　剂	体　积
2×	SYBR Green master	10/3 μL
50×	ROX reference dye	2/15 μL
10 mmol/L	Sense primer	2/15 μL
10 mmol/L	Antisense primer	2/15 μL
	cDNA 模板	4 μL
	DEPC 处理水	34/15 μL
总体积		10 μL

注：所用 cDNA 模板需要均一化，尽量将所有样品调成相同浓度；根据实验结果确定最终稀释浓度，每孔加入 4 μL 模板，每个样品对应一个内参。

（3）配制上述含有 SYBR Green master mix、ROX reference dye、Primers 和 DEPC 处理水的混合液，分别装入每孔。

（4）稍微离心后，准备上机。

（5）启动实时荧光定量 PCR 仪，设置程序：95 ℃，30 s，1 个循环；95 ℃，5 s，60 ℃，31 s，40 个循环；退火；运行。此为常用方法，可根据具体实验需求进行调整。

（6）程序运行完成后，检测 PCR 扩增效率和特异性。扩增曲线 C_t 值不应过大或过小，推荐内参 C_t 值在 15 圈左右，同时各个样品的溶解曲线应该在其对应的温度处有一个特异性的峰。

（7）输出每孔 C_t 值，使用 $2^{-\triangle\triangle Ct}$ 法计算，并用相应的统计学分析方法进行差异性分析。

四、应用实例

用 qPCR 检测长牡蛎免疫刺激后 RAC－α 丝氨酸/苏氨酸-蛋白激酶基因（*CgAKT1*）的 mRNA 表达量

采用 SYBR Green 荧光染料（TaKaRa）进行 qPCR 检测 *CgAKT1* 基

因在长牡蛎各组织中的表达分布以及病毒核酸模拟物 poly (I：C) 刺激后长牡蛎 *CgAKT1* 的时序性表达。购买 126 只长牡蛎打孔后暂养 7 d 以上随机分为两组，每组 3 个平行 (9 只)，然后一组注射 100 μL 用 0.22 μm 孔径滤纸过滤的海水 (Seawater，SW)，另一组注射 100 μL 无菌海水配制的poly (I：C) (0.5 mg/mL)。注射后于 0 h、3 h、6 h、12 h、24 h、48 h 和 72 h 分别用 20 mL 注射器扎破血窦轻轻抽取血淋巴，4 ℃环境，800×*g*，离心 15 min 分离血淋巴细胞；同时取其他组织 (外套膜、性腺、肝胰腺、闭壳肌、鳃)。以上组织中加入 1 mL TRIzol，用 1 mL 移液器或无菌吸管反复吹打，常规方法进行 RNA 提取和 cDNA 合成。根据序列信息，设计 *Cg*AKT1 的 qPCR 引物：*Cg*AKT1 - F，5′- ATTTCACGGTCAAAGACTGCC - 3′；*Cg*AKT1 - R，5′- AAACATTCGCTCCACTACCAC - 3′。按照表 2 - 8 配制反应体系，加入后混匀稍离心，分装入孔，离心。仪器为 QuantStudio 6 荧光实时定量 PCR 仪。设置反应程序为：95 ℃，30 s，1 个循环；95 ℃，5 s，60 ℃，31 s，40 个循环。反应结束后检测 PCR 扩增效率和特异性，通过 $2^{-\Delta\Delta Ct}$法分析目的基因 *CgAKT1* 的差异性表达。结果显示，*CgAKT1* 在长牡蛎检测的各样品中均有分布。其中，*CgAKT1* 在鳃中表达量最高，是外套膜中表达量的 8.24 倍；其次是血淋巴细胞，其表达量是外套膜中 *CgAKT1* 表达量的 3.62 倍。并且 poly (I：C) 刺激后，长牡蛎血淋巴细胞中 *CgAKT1* 的表达量有显著性变化，呈现先下降后上升的趋势，显示 *CgAKT1* 可能参与长牡蛎的抗病毒免疫。

参考文献

董迷忍，2019. 长牡蛎血淋巴细胞分子标记 AATase，SOX11 和 CD9 antigen 的鉴定 [D]. 大连：大连海洋大学.

高强，2007. 栉孔扇贝与海湾扇贝免疫学比较研究 [D]. 青岛：中国科学院海洋研究所.

王伟林，2017. 长牡蛎免疫适应性 (免疫致敏) 机制的初步研究 [D]. 青岛：中国科学院海洋研究所.

杨传燕，2012. 扇贝耐热性状候选基因的多态性及其作用机制研究 [D]. 青岛：中国科学院海洋研究所.

周凯，2022. 高温胁迫下虾夷扇贝 GSK - 3β 调节糖代谢和细胞凋亡的功能研究 [D]. 大连：大连海洋大学.

Bao Y B, Li L, Wu Q, et al, 2009. Cloning, characterization, and expression analysis of extracellular copper/zinc superoxide dismutase gene from bay scallop *Argopecten irradians* [J]. Fish & Shellfish Immunology, 27: 17 - 25.

D'Alessio J M, Noon M C, Ley H L, et al., 1987. One - tube double - stranded cDNA synthesis using cloned M - MLV reverse transcriptase [J]. Focus, 9 (1): 1 - 4.

Hou L, Qiao X, Li Y, et al., 2022. A RAC - alpha serine/threonine - protein kinase (*Cg*AKT1) involved in the synthesis of *Cg*IFNLP in oyster *Crassostrea gigas* [J]. Fish & Shellfish Immunology, 127: 129 - 139.

Qiao X, Zong Y, Liu Z, et al., 2021. The cGAS/STING - TBK1 - IRF Regulatory Axis Orchestrates a Primitive Interferon - Like Antiviral Mechanism in Oyster [J]. Front Immunol, 12: 689 783.

Simms D, Chomczynski P J F, 1992. TRIzol™: A new reagent for optimal single - step isolation of RNA [J]. Focus, 15 (4): 99 - 102.

Stellwagen E, Stellwagen N C, 2002. The free solution mobility of DNA in Tris - acetate - EDTA buffers of different concentrations, with and without added NaCl [J]. Electrophoresis, 23 (12): 1935 - 1941.

第三章
基于蛋白质的实验方法

第一节　原核重组表达系统的选择

一、表达菌株的选择

原核表达是指将外源目的基因通过构建表达载体并导入特定的表达菌株的方法，目的是使目的基因在特定原核生物或细胞内表达相应的重组蛋白。原核表达是海洋贝类免疫学研究中常用的技术，通过原核表达可以体外获得相关基因的重组蛋白，进而利用重组蛋白做体外结合实验、体外抑菌实验、多克隆抗体制备实验等。在原核蛋白表达过程中，选择构建一个合适原核表达体系至关重要，需要综合考虑表达载体、宿主菌株、表达诱导条件，以获得最满意的表达效果。事实上，在日常的实验中，最容易被忽视的就是宿主菌的选择。多数人会直接选择别人曾经用过的表达菌株，或者是载体配套的菌株，而不去追究原因，即使表达结果不佳，大多在表达条件和载体上找原因，也不会考究菌株的选择是否适合。在此列出贝类免疫实验室常用菌株及其特点（表 3－1），可根据实际情况进行选择。要注意的是不同菌株有时已经携带某个质粒或者已经具有某种抗生素抗性，要注意自己的表达质粒是否能与之兼容。

表 3-1 实验室常用大肠杆菌表达菌株

表达菌株	菌株特点
BL21	应用最广的宿主菌来源，Lon 和 OmpT 蛋白酶缺陷型菌株
BL21（DE3）	溶原菌，添加 T7 聚合酶，为 T7 表达系统而设计，适合表达非毒性蛋白
BL21（DE3）pLysS	pLysS 含有表达 T7 溶菌酶的基因，可降低目的基因的背景表达水平，但不干扰目的蛋白的表达，适合表达毒性及非毒性蛋白；因含有质粒 pLysS 而具有氯霉素抗性
Rosetta	携带 pRARE2 质粒的 BL21 衍生菌，补充大肠杆菌缺乏的 7 种（AUA、AGG、AGA、CUA、CCC、GGA 及 CGG）稀有密码子对应的 tRNA，提高外源基因，尤其是真核基因在原核系统中的表达水平；携带有氯霉素抗性质粒，不能再用氯霉素筛选
Origami	K-12 衍生菌，thioredoxin reductase (trxB) 和 glutathione reductase (gor) 两条主要还原途径双突变菌株，显著提高细胞质中二硫键形成概率，促进蛋白可溶性及活性表达；当要表达的蛋白质需要形成二硫键以形成正确的折叠时，可以选择该菌；trxB 和 gor 突变可分别用卡那霉素和四环素选择，建议用带氨苄抗性的质粒
Origami B	宿主菌来源于 BL21 *LacZY* 突变株，还带有与原始 Origami 菌株相同的 trxB/gor突变；集 BL21、tuner 和 Origami 宿主菌的优点于一体；trxB 和 gor 突变可分别用卡那霉素和四环素选择，因此该菌株建议用于带氨苄抗性标记的 pET 质粒
Rosetta-gami	综合 Rosetta 和 Origami 两类菌株的优点，既补充 7 种稀有密码子，又能够促进二硫键的形成，帮助表达需要借助二硫键形成正确折叠构象的真核蛋白；建议用带氨苄抗性标记的 pET 质粒

二、载体的选择

选择表达载体时，要根据所表达蛋白的最终应用考虑，如果为了方便纯化，可选择融合表达；如果为了获得天然蛋白，可选择非融合表达。融合表达时在选择外源DNA同载体分子连接反应时，对转录和转译过程中密码结构的阅读不能发生干扰。实际操作中还需要特别注意所选载体的抗性（表3-2），可避免不必要的重复劳动。

表3-2 实验室常用载体特点

载体名称	抗 性	特 点
pGEX系列	Amp	Tac强启动子，谷胱甘肽融合，可溶表达，GST一步洗脱得到蛋白纯度较低，需要去掉GST tag
pET系列	Amp、Kan	T7启动子，IPTG诱导，6×His标签小，纯化方便
pMAL系列	Amp	Tac强启动子，MBP融合，可溶表达，纯化不易控制；Maltose一步洗脱得到蛋白纯度较低；需要去掉MBP tag
pcold系列	Amp	CSPA启动子，高效基于低温冷休克蛋白基因的大肠杆菌表达载体
pEASY系列	Amp	改造自pET，利用5 min快速TA克隆技术克隆PCR产物；利用T7 *Lac*启动子严谨调控、高效表达目的基因

pET系统是有史以来在大肠杆菌中克隆表达重组蛋白的功能最强大的系统。pET载体中，目标基因克隆到T7噬菌体强转录和翻译信号控制之下，并通过在宿主细胞提供T7 RNA聚合酶来诱导表达。常用的Novagen的pET系统仍在不断扩大，提供了用于表达的新技术和更多的选择。表3-3列出pET系列载体的特性（Novagen公司，pET system manual），用于选择各种克隆需要的pET载体。其中，命名后带有（+）的载体含有f1复制区，可以制备单链DNA，适合突变及测序等应用。

表 3 - 3　pET 系列载体的特性（novagen 公司第 10 版 pET 系统操作手册）

载　体	Kan^R		T7 *Lac*		T7 · Tag^{11}		S · Tag^{TM}		CBD · Tag^{TM}		HSV · Tag®		Dsb · Tag^{TM}		Nus · Tag^{TM}		信号序列	
	Amp^R		T7		His · Tag®		T7 · Tag^{260}		Trx · Tag^{TM}		KSI		PKA		GST · Tag^{TM}		蛋白酶	
pET - 3a - d	•		•			N												
pET - 9a - d		•	•			N												
pET - 11a - d	•			•		N												
pET - 12a - c	•		•															•
pET - 14b	•		•		N												T	
pET - 15b	•			•	N												T	
pET - 16b	•			•	N												X	
pET - 17b	•		•			N												
pET - 17xb	•		•				N											
pET - 19b	•			•	N												E	
pET - 20b（+）	•		•		C													•
pET - 21a - d（+）	•			•	C	N												
pET - 22b（+）	•			•	C													•
pET - 23a - d（+）	•		•		C	N												
pET - 24a - d（+）		•		•	C	N												
pET - 25b（+）	•			•	C							C						•
pET - 26b（+）		•		•	C													•
pET - 27b（+）		•		•	C							C						•
pET - 28a - c（+）		•		•	N，C	I											T	
pET - 29a - c（+）		•		•	C			N									T	
pET - 30a - c（+）		•		•	N，C			I									T，E	
pET - 30Ek/LIC		•		•	N，C			I									T，E	

（续）

载　体	Kan^R		T7 *Lac*		T7 · Tag^{11}		S · Tag™		CBD · Tag™		HSV · Tag®		Dsb · Tag™		Nus · Tag™		信号序列	
	Amp^R		T7		His · Tag®		T7 · Tag^{260}		Trx · Tag™		KSI		PKA		GST · Tag™		蛋白酶	
pET－30Xa/LIC		•		•	N，C			I									T，X	
pET－31b（＋）	•			•	C						N							
pET－32a－c（＋）	•			•	I，C			I	N								T，E	
pET－32Ek/LIC	•			•	I，C			I	N								T，E	
pET－32Xa/LIC	•			•	I，C			I	N								T，X	
pET－33b（＋）		•		•	N，C	I							I				T	
pET－34b（＋）		•		•	C			I		N							T，E	
pET－35b（＋）		•		•	C			I		N							T，X	
pET－36b（＋）		•		•	C			I		N							T，E	•
pET－37b（＋）		•		•	C			I		N							T，X	•
pET－38b（＋）		•		•	C			I		C							T	•
pET－39b（＋）		•		•	I，C			I						N			T，E	•
pET－40b（＋）		•		•	I，C			I						N			T，E	•
pET－41a－c（＋）		•		•	I，C			I							N		T，E	
pET－41Ek/LIC		•		•	I，C			I							N		T，E	
pET－42a－c（＋）		•		•	I，C			I							N		T，X	
pET－43.1a－c（＋）	•			•	I，C			I				C				N	T，E	
pET－43.1 Ek/LIC	•			•	I，C			I				C				N	T，E	
pET－44a－c（＋）	•			•	N,I,C			I				C				I	T，E	

注：T7 · Tag^{11}＝11aa 融合标签，T7 · Tag^{260}＝260aa 融合标签，I＝内部标签，N＝N-端标签，C＝可选的 C-端标签，T＝凝血酶酶切位点，E＝肠激酶酶切位点，X＝Xa 因子。

三、应用实例

1. 长牡蛎 *CgWnt-5b*、*Cgfrizzled-10* 和 *Cgfrizzled-7-A* 基因的原核表达载体的选择与构建

本研究 *Cg*Wnt-5b、*Cg*frizzled-10 和 *Cg*frizzled-7-A 蛋白原核表达选用 pET-30a 作为表达载体，此表达载体的表达产物在氨基端和羧基端分别带有 6 个组氨酸（6×His）标签，以便后续进行目的蛋白纯化。选取适当的酶切位点，添加在基因特异性引物的 5′端，以基因克隆得到的 *CgWnt-5b*、*Cgfrizzled-10* 和 *Cgfrizzled-7-A* 的基因序列为模板进行 PCR 扩增出带有酶切位点的目的片段。利用琼脂糖凝胶电泳检测 PCR 扩增产物，根据目的基因条带大小进行凝胶切割、目的基因纯化、回收；用相应的限制性内切酶对目的基因和 pET30a 表达载体质粒进行双酶切；对酶切后的目的基因产物再次进行产物纯化，酶切后的质粒 DNA 利用琼脂糖凝胶电泳分离检测，切胶、纯化、回收；采用 T4 连接酶（Takara）连接目的基因和表达载体，16 ℃连接过夜；将连接产物转化至克隆感受态细胞 Trans5α (DE3)，筛选单克隆菌株，送至生物公司测序，判断重组表达质粒是否构建成功。

2. 长牡蛎 *CgRunx*、*CgWWP1* 和 *CgCHIP-like* 基因的原核表达载体的选择与构建

在实验中三种基因所用载体分别为：*CgCHIP-like* 使用 pET-28a 原核表达载体，*CgRunx* 使用 pET-30a 原核表达载体，*CgWWP1* 使用 GST-Pcold 原核表达载体。其中，pET-28a 以及 pET-30a 表达载体带有 6 个组氨酸（6×His）标签；GST-Pcold 带有一个组氨酸标签外和两个 GST 标签，便于后续的纯化。通过比较目的片段与载体的酶切位点，在保证选取比较合适的酶切位点设计酶切引物；将带有酶切位点的引物以测序结果正确的菌株为模板进行 PCR 扩增出带有酶切位点的目的片段；使用特异性的限制性内切酶对加有保护碱基和酶切位点的目的基因 PCR 产物和表达载体的质粒进行双酶切；对酶切后 PCR 产物进行产物纯化，对质粒进胶回收；使用 T4 连接酶将纯化产物与质粒胶回收产物进行连接，16 ℃过夜连接；将连接好的重组表达质粒转化到克隆质粒 Trans5α 中，菌落PCR后筛选出阳性克隆，测序以确定重组表达载体是否成功构建。

第二节　重组质粒的构建

一、基于限制性内切酶双酶切法构建重组质粒

（1）根据载体的多克隆位点及目的片段上酶切位点的分布情况设计引物，使其5′端带有相应酶切位点，并采用合适的DNA聚合酶扩增目的片段。

（2）将扩增得到的目的片段连接至合适的载体，筛选阳性克隆菌株，提取质粒。

（3）选择合适的内切酶及其Buffer，在1.5 mL EP管中加入表3－4所示组分，轻轻混合，37 ℃孵育3 h至过夜。

表3－4　常用酶切反应体系

试　剂	体　积
10×NEB enzyme buffer	5 μL
质粒或载体	1 μL
内切酶1	1 μL
内切酶2	1 μL
DEPC处理水	up to 50 μL
总体积	50 μL

（4）将线性化载体及目的片段分别进行琼脂糖凝胶电泳回收（DNA琼脂糖凝胶回收试剂盒）。

（5）在PCR管中加入表3－5所示组分，16 ℃连接过夜。

表3－5 常用连接反应体系

试　剂	体　积
10×T4 ligase buffer	1 μL
线性化载体	4 μL
目的片段	4 μL
T4 ligase	1 μL
总体积	10 μL

(6) 取反应产物 5～10 μL 热激法转化至相应的感受态细胞中，并用菌落 PCR 法筛选阳性克隆，提取阳性克隆质粒。

二、基于 TOPO 技术构建重组质粒

(1) 根据不同载体对于 PCR 产物末端的要求，采用合适的 DNA 聚合酶扩增目的基因片段。如有非特异性扩增，对其进行琼脂糖凝胶电泳回收；如条带特异，则不必回收。将其按照产物长度每 1 kbp 对应 50 ng 稀释。

(2) 在 PCR 管中加入表 3－6 所示组分。

表 3－6　常用反应体系

试　剂	体　积
带有合适末端的 PCR 产物	～50 ng/kbp
TOPO 型克隆或表达载体	1 μL
DEPC 处理水	up to 5 μL
总体积	5 μL

(3) 轻轻混合，22～37 ℃反应 5～30 min，冰浴终止反应。

(4) 取反应产物 5 μL 热激法转化至相应的感受态细胞中，并用菌落 PCR 法筛选阳性克隆，提取阳性克隆质粒。

三、基于 In－Fusion 技术构建重组质粒

(1) 选用合适的内切酶将目的载体线性化，此处使用的内切酶与在目的基因片段上是否有对应酶切位点无关。

(2) 采用 5′端带有与载体互补的 15 bp 序列的引物扩增目的片段。

(3) 将线性化载体及目的片段分别进行琼脂糖凝胶电泳回收。

(4) 在 PCR 管中加入表 3－7 所示组分。

表 3－7　常用反应体系

试　剂	体　积
5×In－Fusion HD enzyme premix	2 μL
线性化载体	～200 ng

（续）

试 剂	体 积
目的片段	～200 ng
DEPC处理水	up to 10 μL
总体积	10 μL

（5）于50℃孵育15 min，冰浴终止反应。

（6）取反应产物2.5 μL热激法转化至相应感受态细胞中，并用菌落PCR法筛选阳性克隆，提取阳性克隆质粒。

四、应用实例

1. 长牡蛎*CgDNMT1*、*CgDNMT3*和*CgTET2*基因重组质粒的构建

本研究选取pET-30a载体为原核表达载体，该载体带有6个组氨酸（6×His）标签，有利于后续纯化处理。根据基因序列挑选酶切位点（*BamH* Ⅰ和*Xho* Ⅰ），同时设计引物并扩增出具有酶切位点的片段；回收目的片段，先连接到pMD19-T载体，再转化至Trans5α克隆感受态细胞，经菌落PCR挑选阳性单菌落送测序验证，再提取重组质粒；选择相应的限制性内切酶对目的基因的重组质粒以及pET-30a表达载体的质粒分别进行双酶切；将酶切获得的目的片段进行产物纯化，对酶切后的pET-30a表达载体质粒先经凝胶电泳检测后，再片段回收；通过T4连接酶来连接双酶切后的目的片段及表达载体，连接产物转化至克隆感受态细胞Trans5α，经菌落PCR检测后，挑选阳性单菌落进行测序验证，判断重组表达质粒是否构建成功。

2. 长牡蛎*CgDicer*、*CgDCL*和*CgAgo*基因重组质粒的构建

本研究选用pET-30a及pGEX-4T-1表达载体进行重组蛋白表达。pET-30a表达载体的表达产物在羧基端带有6个组氨酸标签（6×His），而pGEX-4T-1表达载体的表达产物在其氨基端带有谷胱甘肽-S-转移酶标签（GST），以便后续进行目的蛋白纯化。同样利用含有酶切位点的引物克隆*CgDicer*、*CgDCL*和*CgAgo*基因；PCR扩增产物经1%琼脂糖凝胶电泳检测后，进行切胶纯化回收；再利用上述双酶切体系、胶回收和连接体系获得含有目的基因的pET-30a及pGEX-4T-1重组表达载体。

转化至感受态细胞 Trans5α (DE3) 中，菌落 PCR 筛选阳性克隆，送至生物公司测序以确定重组表达质粒是否构建成功。

第三节　基于 IPTG 的原核表达

一、基本原理

在原核蛋白表达体系中，外源基因通常需要诱导剂的诱导才能进行表达，这里介绍一种常用诱导剂异丙基-β-D-硫代半乳糖苷（IPTG）对外源蛋白诱导表达原理以及实验步骤。大肠杆菌*E. coli* 的乳糖操纵子含 *Z*、*Y* 及 *A* 三个结构基因，分别编码半乳糖苷酶、透酶和乙酰基转移酶；此外还有一个操纵序列 O、一个启动序列 P 及一个调节基因 *I*（编码一种阻遏蛋白），后者与 O 序列结合，使操纵子受阻遏而处于关闭状态。在启动序列 P 上游还有一个分解（代谢）物基因激活蛋白（CAP）结合位点。由 P 序列、O 序列和 CAP 结合位点共同构成 Lac 操纵子的调控区，三个酶的编码基因即由同一调控区调节，实现基因产物的协调表达。在没有乳糖存在时，Lac 操纵子处于阻遏状态，Lac 阻遏物能与操纵序列 O 结合，阻碍 RNA 聚合酶与 P 序列结合，阻止转录启动。IPTG 是异乳糖模拟物，当加入 IPTG 诱导剂时，诱导剂可与阻遏蛋白结合，使阻遏蛋白构象发生变化，导致阻遏物从操纵序列 O 上解离下来，RNA 聚合酶不再受阻碍，启动子 P 开始发生转录，启动反应开始发生。和真正的乳糖不同，IPTG 不能被细胞利用掉，因而十分稳定并能实现持续性表达，被实验室广泛应用。

二、相关试剂

LB 培养基、IPTG 储备液、凝胶电泳加样缓冲液。

三、操作步骤

（一）小量表达

(1) 取单克隆菌落于 3 mL 培养基（如 LB 培养基）中，或者甘油保存菌种按 1∶1 000 接种 1 mL 培养基中，常规方法培养过夜。

（2）取培养菌液，按 1∶100 接入新的 3 mL 培养基中。

（3）恒温培养箱设置 37 ℃，220 r/min 培养 2.5～4 h 后（OD_{600} 值为 0.4～0.6），取出 1 mL 菌液作为对照（IPTG 诱导前），剩余菌液中加入终浓度为 1 mmol/L 的 IPTG（IPTG 浓度可根据诱导效果自行调节）。

（4）继续培养 4 h 后，离心机 10 000 r/min 离心 2 min，收集菌体。

（5）向 IPTG 诱导前后收集的菌体中分别按 4∶1 比例加入适量双蒸水和 5×Loading buffer，在 100 ℃沸水浴或金属浴中加热 10 min 以制备蛋白样或超声处理破碎。

（6）收集样品，利用 SDS－PAGE 电泳检测目的基因是否被成功诱导表达（未加 IPTG 的菌液做对照）。

（二）大量表达

（1）小量表达成功后，再次取单克隆菌落常规方法培养过夜，或者甘油保存菌种按 1∶1 000 接种，过夜培养。

（2）取培养菌液，按 1∶100 接入新的培养基中（200 mL 培养基中加入 2 mL 菌液）。

（3）恒温培养箱设置 37 ℃，220 r/min 培养 2.5～4 h 后（OD_{600} 值为 0.4～0.6），加入 IPTG 至终浓度 1 mmol/L（IPTG 浓度可依小量诱导时使用的浓度而定）。

（4）继续培养 4 h 后，10 000 r/min 离心 2 min，收集菌体，弃去上清。

（5）用 1 mL 移液器挑取少量菌体，按 4∶1 比例加入适量双蒸水和 5×Loading buffer，在 100 ℃沸水浴或金属浴中加热 10 min 以制备蛋白样（剩余菌体置于 4 ℃或冰上暂存，长期保存应置于－20 ℃条件下）。

（6）利用 SDS－PAGE 再次检测 IPTG 诱导表达情况。

（7）若成功诱导，重悬沉淀，冰上超声破碎，200 W，破碎 1 h。按照实际需求进行后续蛋白纯化。

四、应用实例

IPTG 诱导长牡蛎 *CgWWP1* 基因体外原核表达

将测序正确的含有 *Cgwwp1* 基因的重组表达质粒转化至表达感受态

Transetta（DE3）菌株中，涂布在卡那霉素（K^+）抗性的固体 LB 培养基上，于 37 ℃恒温培养箱培养过夜；挑取菌落进行菌落 PCR，选取条带大小与目的条带大小一致，且条带比较亮的菌进行诱导实验；接着将菌株接种到 4 mL 的 K^+ 液体 LB 培养基中；37 ℃，220 r/min，培养至 OD_{600} 值为 0.4～0.6；吸取 2 mL 的菌液作为对照组，剩余菌液作为实验组按照终浓度为 0.5 mmol/L 加入 IPTG，并在 37 ℃，6 h，220 r/min 继续培养细菌；将菌液对照组以及实验组分别离心收集菌体，再用缓冲液重悬菌体，低温下进行超声破碎，离心分开上清和沉淀。加入蛋白 Loading buffer，用常规 SDS-PAGE 电泳检测上清以及沉淀的诱导表达情况，考马斯亮蓝染色，脱色液脱色后利用成像系统进行记录。

第四节　GST 标签蛋白纯化

一、基本原理

GST（谷胱甘肽 S-转移酶）标签是目前应用最为广泛的融合标签之一，其可提高蛋白可溶性，表达蛋白纯度高并且纯化条件一般较温和。GST 能特异地与其底物谷胱甘肽结合。因此，融合有 GST 标签的目的蛋白可以与带谷胱甘肽配基的亲和介质特异结合进行纯化。其原理是在固相基质上通过巯基结合一个谷胱甘肽，然后利用谷胱甘肽与 GST 之间的特异性作用，使得带 GST 标签的融合蛋白与基质上的谷胱甘肽结合，达到分离纯化的目的。由于 GST 对底物的亲和力是亚毫摩尔级的，因此谷胱甘肽固化于琼脂糖形成的亲和层析树脂对 GST 及其融合蛋白的纯化效率很高。可以用含游离的谷胱甘肽的缓冲液洗脱结合的 GST 融合蛋白。树脂用含 3 mol/L NaCl 的缓冲液再生。谷胱甘肽琼脂糖对 GST 融合蛋白的结合能力很强（每毫升柱床体积的树脂能结合 8 mg 融合蛋白），如果 1 L 大肠杆菌培养物能产生 0.1～10 mg 融合蛋白，那么 1 mL 的树脂就可以纯化 1 L 的大肠杆菌培养物。但是 GST（大小为 26 ku）相比 6×His 标签相对分子质量要大得多，必须要用蛋白酶将融合蛋白中的 GST 切下来（对于表达相对分子质量小的目标蛋白来说 GST 则更有优势）。pGEX 系列载体是常用的表达含有 GST 标签目的蛋白的表达载体。

二、相关试剂

GST 树脂，PBS 缓冲液，10 mmol/L 的谷胱甘肽洗脱液（0.154 g 还原型谷胱甘肽溶解于 50 mL 50 mmol/L 的 Tris - HCl 中，pH 8.0）。

三、操作步骤

（1）收集成功转入重组质粒的阳性细胞：利用 4 ℃离心机 3 000×*g* 离心 10 min，弃上清。以加有冰上预冷的 PBS 的培养液重悬细胞团（每 50 mL 培养液加 3 mL PBS），然后再次利用 4 ℃离心机 3 000×*g*，离心 10 min，弃上清收集沉淀。

（2）将离心后细胞团置于－80 ℃冰箱放置 1 h。

（3）取出细胞团后于冰上融化，用预冷的 PBS 培养液重悬细胞团。

（4）冰上超声波破碎细胞直至样品不再黏稠，呈透明状。

（5）4 ℃离心机 12 000×*g*，离心 10 min，并将上清（可溶物部分）转移至一个干净的且预冷的管中。然后用预冷的 PBS 培养液重悬细胞团(不可溶物部分)。

（6）分别取 10 μL 可溶物和不可溶物进行 SDS - PAGE 电泳检测。

注意：若目的 GST 融合蛋白形成包涵体（不可溶蛋白），应在纯化前以适当的方法溶解和折叠。

（7）轻轻晃动 GST 纯化树脂直至树脂完全重新悬起。

（8）装柱　吸取适量的 GST 树脂装入层析柱中。

（9）平衡　用 10 倍柱床体积的预冷 PBS 洗涤 GST 树脂。

（10）上样　将含有 GST 融合蛋白的 PBS 溶液注入已平衡好的柱子中，流速控制在 10～15 cm/h，并收集流出液。

（11）洗涤　当含有融合蛋白的溶液全部进入柱中时，以 20 倍体积的 PBS 洗涤，去除非特异性吸附的杂蛋白，收集洗涤液。注意：洗涤液中最好加入蛋白酶抑制剂如 PMSF 以抑制蛋白酶活性。

（12）洗脱　用 10～15 倍柱床体积的新鲜配制的 10 mmol/L 的谷胱甘肽洗脱液洗脱 GST 融合目的蛋白，收集洗脱液即目的蛋白。

（13）通过观察 280 nm 处的吸光度值来监控融合蛋白的洗脱情况。

(14) 分别取等量的原始样品、流出液、洗涤液和洗脱的目的蛋白进行 SDS-PAGE 电泳以分析目的蛋白，确定纯化效果。

(15) 收集含有目的蛋白的洗脱部分，然后通过透析或过 G15 交联葡聚糖去盐柱去除游离的谷胱甘肽。

(16) 清洗和保存填料。

四、应用实例

长牡蛎肿瘤坏死因子 *Cg*TNF-2 的 GST 标签重组蛋白纯化

基因克隆得到的长牡蛎肿瘤坏死因子 *CgTNF-2* 基因，通过 *Bam*H Ⅰ和 *Xho* Ⅰ限制性核酸内切酶进行酶切，插入切开的 pGEX-4T-1 载体中。pGEX-4T-1 质粒是一个大肠杆菌表达载体，具有氨苄青霉素 (A^+) 抗性，Tac 强启动子可以驱动 GST 促溶标签和目的基因融合表达。成功导入大肠杆菌 Transetta 后，利用 IPTG 诱导表达 *Cg*TNF-2 重组蛋白。带有 GST 标签的蛋白纯化的步骤如下：将诱导后 200 mL 菌液沉淀用 25 mL 的 PBS 缓冲液（裂解缓冲液，NaCl 140 mmol/L，KCl 2.7 mmol/L，Na_2HPO_4 10 mmol/L，KH_2PO_4 1.8 mmol/L）再加入 25 μL 的蛋白酶抑制剂混合物进行重悬，在冰上超声裂解细菌，裂解细菌后 10 000×*g*，4 ℃离心 40 min 收集上清。将 BeyoGold™ GST-tag purification resin 填料加入纯化柱中，在 4 ℃条件下进行蛋白纯化，静置纯化柱 30 min 左右，利用 PBS 缓冲液平衡蛋白纯化柱 30 min，用 0.45 μm 滤膜过滤好的菌液上清循环上样 6 h。循环上样结束后用 PBS 缓冲液洗下未结合以及结合较弱的蛋白，再用洗脱缓冲液（Tris-HCl 50 mmol/L，NaCl 150 mmol/L，EDTA 1 mmol/L，DTT 1 mmol/L）洗脱目的蛋白。获得 *Cg*TNF-2 重组蛋白进行 SDS-PAGE 电泳验证条带是否单一，将条带单一的蛋白用水进行透析，每 12 h 更换透析液，更换 3～4 次。

第五节　His 标签蛋白的变性纯化（镍琼脂糖凝胶 FF 柱）

一、基本原理

在海洋贝类重组蛋白表达时，组氨酸标签（His-Tag）融合蛋白是目前最常见的表达方式，而且技术很成熟，它的优点是标签小，基本不影响蛋白的活性，与细菌基因表达机制兼容表达方便，免疫较低，纯化的蛋白可以直接注射入动物体内制备多克隆抗体等，并且无论是表达的蛋白是可溶性的或者包涵体都比较容易纯化。His-Tag 蛋白纯化通常采用固定化金属离子亲和层析（IMAC）纯化的方法。原理是 His 的残基上带有一个咪唑基团，其可以和多种金属离子（如 Ca^{2+}、Mg^{2+}、Ni^{2+}、Cu^{2+}，Fe^{2+}，Co^{2+} 等）发生特殊的相互作用。这些金属离子（常见 Ni^{2+} 和 Co^{2+}）能够用螯合配体固定在层析介质上。因此，带有 His 标签的蛋白在经过装配了金属离子的层析介质时可以选择性地结合在介质上，而其他的杂质蛋白则不能结合或仅能微弱结合。结合在介质上的 His-tag 蛋白可以通过提高缓冲液中的咪唑浓度进行竞争性洗脱，从而得到较高纯度的 His 标签蛋白。Ni^{2+} 在亲和纯化实验中的使用最为广泛，常见的有 Ni-IDA（亚氨基二乙酸，IDA）和 Ni-NTA（次氮基三乙酸，NTA）。NTA 在结构上比 IDA 多了一个羧甲基基团，使得 NTA 与金属离子的配位能力更强，IDA 的金属离子漏出率较高，蛋白纯度低，但是 IDA 洗脱蛋白时需要的咪唑溶液浓度低，结合金属离子多，因此它们各有优点。实际操作中若对蛋白纯度要求较高，镍 NTA 亲和层析介质（Ni Tanrose 6FF）是最为常用的方法。Ni Tanrose 6FF 是将金属离子 Ni^{2+} 螯合在以氨三乙酸为配基的 6%高度交联的琼脂糖凝胶上形成的亲和层析介质。常用的 Ni Tanrose 6FF 的颗粒粒度均匀、粒径更小、特异性好、流速快，并且螯合镍更稳定，能耐受较高的还原剂，使填料更加稳定，镍离子不易脱落。通过控制合理的 Ni^{2+} 密度，结合载量可达到 His 标签蛋白 40 mg/mL 介质，还可以用于各种表达来源（如大肠杆菌、酵母、昆虫细胞和哺乳动物细胞）的组氨酸标签（6×His）蛋白的纯化。因此，实际操作中常选择 Ni-NTA 亲和层析柱进行蛋白纯化。

二、相关试剂

（1）缓冲液Ⅰ（BufferⅠ）9.5 mmol/L $NaH_2PO_4 \cdot 2H_2O$、40 mmol/L $Na_2HPO_4 \cdot 12H_2O$、500 mmol/L NaCl、8 mol/L 尿素，调 pH=pI（蛋白等电点）±2，0.45 μm 滤膜过滤后备用。

(2) 缓冲液Ⅱ（BufferⅡ）向裂解液中加入 50 mmol/L 咪唑，调 pH＝pI±2，0.45 μm滤膜过滤后备用。

(3) 缓冲液Ⅲ（BufferⅢ）向裂解液中加入 400 mmol/L 咪唑，调 pH＝pI±2，0.45 μm滤膜过滤后备用。

三、操作步骤

(1) 收集 IPTG 诱导表达成功的菌体，将菌体重悬于 30 mL BufferⅠ中，冰水浴超声破碎菌体；破碎后的菌悬液于 4 ℃、12 000×*g* 离心 30 min，收集上清并用 0.45 μm 的滤膜过滤后待用。

(2) 镍琼脂糖凝胶 FF 装柱，用 BufferⅠ平衡镍琼脂糖柱 20～30 min。

(3) 把破碎后的菌液上清液以流速为 1.0 mL/min 缓缓加入镍琼脂糖柱，循环过夜，使重组蛋白结合到镍柱上。

(4) 10 倍柱体积的 BufferⅠ洗去非结合的杂蛋白。

(5) 10 倍柱体积的 BufferⅡ洗去非特异性结合的杂蛋白（该过程可能会洗掉与镍琼脂糖柱结合较弱的目的蛋白，故需收集该步骤洗脱下来的蛋白）。

(6) BufferⅢ洗脱与镍琼脂糖柱紧密结合的目的蛋白并收集。

(7) 将洗脱下来的目的蛋白用 SDS-PAGE 检测纯化结果。

(8) 用 5 倍柱体积的 30%异丙醇清洗柱子，流速为 2 mL/min，最后向柱子里加入 3 倍柱体积的 20%乙醇，置于 4 ℃环境中保存柱子。

四、应用实例

长牡蛎泛素 E3 连接酶 *Cg*CHIP-like 重组蛋白纯化

用 TBS 将含有 *CgCHIP-like* 基因表达载体的菌液重悬并将菌体进行低温破碎，10 000×*g*，4 ℃离心 30 min；在小量表达的过程中发现 *CgCHIP-like* 基因表达产物在沉淀中，因此去除上清，将沉淀用30 mL的BufferⅠ低温破碎（10 000 r/min，4 ℃，30 min），取上清于新的 50 mL 离心管中，待蛋白纯化；将镍琼脂糖柱静置 30 min 后用 10 倍体积的纯水置换原有镍琼脂糖柱中的乙醇，用 10 倍柱体积的 BufferⅠ平衡；将待纯化的蛋白循环上样 6 h；用 10 倍柱体积的 BufferⅠ洗去未结合的杂蛋白；再用10倍柱体积的BufferⅡ洗去非特异性结合的杂蛋白；BufferⅢ洗脱目的蛋白；将洗脱后的蛋白用SDS－PAGE电泳检测纯化效果。

第六节 His标签蛋白非变性纯化

一、基本原理

海洋贝类基因原核表达蛋白多以包涵体形式表达，要经过变性复性的过程才能得到有活性的重组蛋白。但是有些蛋白比如半胱氨酸含量比较高，二硫键多，在复性蛋白折叠过程中，空间结构中的二硫键不能全部恢复，因此透析后得到的蛋白也是变性的、不可溶的。改变诱导条件，如低温、低浓度IPTG诱导、低转速诱导，可表达可溶性非变性重组蛋白。His标签蛋白非变性纯化原理与变性蛋白纯化（镍琼脂糖凝胶FF柱）原理相似，但为了防止蛋白变性，His标签蛋白非变性纯化过程不得添加尿素。通过载体上的His标签结合在镍琼脂糖凝胶柱（俗称镍柱、Ni柱）上，可直接得到可溶性的有活性的蛋白。镍柱的硫酸镍可以与有His标签的蛋白结合，也可以与咪唑结合。当样品通过镍柱时，目的蛋白、少量的杂蛋白会结合在镍柱上，其余的杂蛋白会在柱子中；咪唑会同蛋白竞争性结合镍，故用咪唑梯度洗脱，50 mmol/L洗脱杂蛋白，400 mmol/L洗脱目的蛋白。当前可以纯化非变性His标签蛋白的Ni柱产品很多，操作相似，这里介绍一种碧云天生物技术（Beyotime Biotechnology）公司生产的BeyoGold™ His－tag Purification Resin（Fast Flow，耐还原螯合型），其是一种新型的能耐受高流速和高压力的可以兼容还原剂和螯合剂，并能简单、快速、高效、高特异性地纯化His标签蛋白纯化介质，可将His标签重组蛋白在非变性条件下被洗脱，从而被分离纯化。

二、相关试剂

（1）裂解液　50 mmol/L $NaH_2PO_4 \cdot 2H_2O$、300 mmol/L NaCl，调pH＝pI±2，0.45 μm滤膜过滤后备用。

（2）洗脱液　向裂解液中加入不同浓度的咪唑（2～200 mmol/L不等，根据洗脱效果而定），调pH＝pI±2，用0.45 μm滤膜过滤后备用。

三、操作步骤

(1) 收集 IPTG 诱导表达成功的菌体，将菌体重悬于 30 mL PBS 缓冲液中，冰水浴超声破碎菌体；破碎后的菌悬液于 4 ℃、12 000×g 离心 30 min，收集上清。

(2) 用裂解液平衡镍柱 20～30 min。

(3) 把破碎后的菌液上清液按流速 1.0 mL/min 缓缓加入镍柱，循环过夜，使重组蛋白结合到镍柱上。

(4) 10 倍柱体积的裂解液洗去非结合的杂蛋白。

(5) 换用不同浓度咪唑的洗脱液洗脱与镍柱非特异性结合的杂蛋白及目的蛋白，收集洗脱蛋白。

(6) 将洗脱下来的蛋白用 SDS-PAGE 检测纯化结果。

(7) 用 5 倍柱体积的 30%异丙醇清洗柱子，流速为 2 mL/min，最后向柱内加入 3 倍柱体积的 20%乙醇，置于 4 ℃环境中保存柱子。

四、应用实例

长牡蛎 *CgBcl*-2 基因表达重组蛋白的纯化

在确定目的蛋白表达成功后，进行大批量的诱导表达。本研究中 *Cg*Bcl-2 重组蛋白为带有 His 标签的可溶蛋白，因此利用碧云天生产的 BeyoGold™ His-tag purification resin（耐还原螯合型）纯化介质进行纯化（表 3-8）。

表 3-8 非变性蛋白纯化试剂配制

名 称	配 方
非变性裂解液	50 mmol/L NaH_2PO_4，300 mmol/L NaCl，pH 8.0
非变性洗涤液	50 mmol/L NaH_2PO_4，300 mmol/L NaCl，2 mmol/L 咪唑，pH 8.0
非变性洗脱液	50 mmol/L NaH_2PO_4，300 mmol/L NaCl，50 mmol/L 咪唑，pH 8.0

重组蛋白纯化过程：将细菌培养液离心 3 min 弃上清收集沉淀，加入适量非变性裂解液；在冰水混合物中利用超声破碎仪破碎菌体，再次离心

收集上清；取 2 mL 镍柱于 4 ℃、1 000×g 离心 10 s 弃去储存液，用非变性裂解液平衡镍柱 3 次；将上清与镍柱混合，在 4 ℃水平摇床上结合 60 min；将上清与镍柱的混合物装入纯化管柱中；在蛋白流动泵的作用下使柱内液体流出，加入非变性洗涤液洗柱 5 次，洗去杂蛋白；再加入非变性洗脱液洗脱目的蛋白，SDS - PAGE 电泳检测是否洗脱成功以及蛋白纯化效果。

第七节　MBP 标签蛋白纯化

一、基本原理

麦芽糖结合蛋白（Maltose binding protein，MBP），标签大小为 43 ku，MBP 可促进重组蛋白的正确折叠，有助于增加大肠杆菌中可溶性蛋白的产生，但是标签较大对蛋白结构和功能可能有一定影响。pMAL™ 蛋白融合表达和纯化是较为常用的表达 MBP 标签蛋白的高效系统。pMAL 载体含有编码 MBP 的大肠杆菌 *malE* 基因，其下游的多克隆位点便于目的基因插入，MBP 可以融合在蛋白的 N 端或 C 端。通过强启动子和 *malE* 翻译起始信号使克隆基因获得高效表达。MBP 标签能够特异性地结合麦芽糖（Maltose）和直链淀粉（Amylose），利用此特点可以有效进行 MBP 标签蛋白的亲和纯化。比如 MBPSep Dextrin Agarose Resin 是一种纯化带有 MBP 标签蛋白的亲和层析介质，MBP 融合蛋白可通过交联淀粉亲和层析一步纯化，结合的融合蛋白可用 10 mmol/L 麦芽糖在生理缓冲液中进行洗脱。

二、试剂材料

（1）丰富培养基＋葡萄糖和氨苄青霉素　每升培养基中含 10 g 蛋白胨、5 g 酵母粉、5 g NaCl、2 g 葡萄糖。121 ℃灭菌 20 min。使用前加入氨苄青霉素使终浓度为 100 μg/mL。

（2）0.1 mol/L IPTG 配置方法　1.19 g IPTG 加水至 50 mL；过滤除菌后避光存于－20 ℃。

（3）上样缓冲液（Loading buffer）（表 3 - 9）。

表 3-9 实验用缓冲液配制方法

试 剂	终浓度
Tris-HCl，pH 7.4	20 mmol/L Tris-HCl
NaCl	200 mmol/L NaCl
EDTA	1 mmol/L EDTA

可选成分：1 mmol/L 叠氮化钠，10 mmol/L β-巯基乙醇，1 mmol/L DTT。

（4）洗脱缓冲液（Elution buffer） Loading buffer＋10 mmol/L 麦芽糖。

三、实验方法

（1）将 10 mL 含有融合质粒的过夜培养物接种于 1 L 含有葡萄糖和氨苄青霉素的丰富培养基（生长培养基中的葡萄糖对于抑制宿主菌中的染色体上的麦芽糖基因是必需的，其中某一基因是一种淀粉酶，可以降解亲和柱子上的直链淀粉）。

（2）培养细胞至细胞密度等于 2×10^8 个/mL（A_{600}＝0.5），加入终浓度为 0.3 mmol/L 的 IPTG（即加入 0.72 mg 或 3 mL 的 0.1 mol/L 的 IPTG 贮存液），继续置于 37 ℃条件培养 2 h。

（3）离心机 4 000×*g* 离心 20 min 收集细胞，弃上清，将细胞重悬于 50 mL 上柱缓冲液中。

（4）在干冰-乙醇浴中冷冻样品（或置于－20 ℃条件下过夜保存）。

（5）将细胞置于冰水浴中，以 15 s 或更短的时间间隔超声破碎细胞，用 Bradford 法检测蛋白质释放情况，持续超声破碎直到所释放的蛋白质达到最大量（约为 2 min）。

（6）离心机 9 000×*g* 离心 30 min，保存上清（即为粗提物），将粗提物与上样缓冲液按 1∶5 体积比稀释。

（7）将 Amylose 介质填充于规格为 2.5 cm×10 cm 的柱子中，用 8 倍柱体积的上柱缓冲液洗柱（介质的量取决于融合蛋白质的产量，每毫升柱床体积可结合 3 mg 融合蛋白质，15 mL 的柱子能够结合 45 mg 的融合蛋白质，即 1 L 的细胞培养液）。

(8) 将稀释的粗提物以 [10× (以厘米表示柱直径的数值)^2] mL/h 的速率上样 (对于 2.5 cm 的柱子，上样速率约为 1 mL/h)，若粗提物浓度较低，可以减少稀释度。

(9) 用 12 倍柱体积的上柱缓冲液洗脱。

(10) 用含有 10 mmol/L 麦芽糖的上柱缓冲液洗脱融合蛋白质，以每组分 3 mL 收集 10～20 个组分 (组分量=0.2 倍柱体积)。

(11) 收集含有蛋白质的组分。

四、应用实例

长牡蛎干扰素调节因子 8 (*Cg*IRF8) 和白介素 17 (*Cg*IL17-5) 的 MBP-Tag 重组蛋白原核表达及纯化

本研究中采用 NEB 公司的 pMAL-c5x 载体与目的基因 *CgIRF8* 或 *CgIL17-5* 进行重组表达。pMAL-c5x 载体表达出的重组蛋白在其 N 端带有一个 MBP 标签 (MBP-Tag)，载体表达出的标签用来进行目的蛋白纯化。利用淀粉树脂 (Amylose resin) 获得带有 MBP-Tag 的可溶性重组蛋白。5 倍柱体积的 Loading buffer 平衡柱子，然后加入菌裂解液上清，流速控制在 2 mL/min。使用 20～50 mL Elution buffer 对结合在柱子上的目的蛋白进行洗脱并分管收集，先后用 3 倍柱体积超纯水、0.1% SDS 和 3 倍柱体积超纯水对柱子进行再生，加入 20%乙醇后 4 ℃保存。通过 SDS-PAGE 对收集的洗脱蛋白进行检测，成功获得了重组 *Cg*IRF8 和 *Cg*IL17-5 蛋白。

第八节 SDS-聚丙烯酰胺凝胶蛋白电泳

一、基本原理

聚丙烯酰胺凝胶为网状结构，具有分子筛效应。SDS-聚丙烯酰胺凝胶蛋白电泳 (SDS-PAGE) 是在聚丙烯酰胺凝胶系统中引进 SDS。SDS 是变性剂，能断裂分子内和分子间氢键，破坏蛋白质的二级和三级结构。强还原剂能使半胱氨酸之间的二硫键断裂，蛋白质在一定浓度的含有强还原剂的 SDS 溶液中，与 SDS 分子按比例结合，形成带负电荷的

SDS-蛋白质复合物，这种复合物由于结合大量的SDS，使蛋白质丧失了原有的电荷状态形成仅保持原有分子大小特征的负离子团块，从而降低或消除了各种蛋白质分子之间天然的电荷差异。由于SDS与蛋白质的结合是按重量成比例的，因此在进行电泳时，蛋白质分子的迁移速度取决于分子大小。当相对分子质量在15～200 ku时，蛋白质的迁移率和相对分子质量的对数呈线性关系：$\log MW = k - bX$（式中：MW为相对分子质量，X为迁移率，k、b均为常数），若将已知相对分子质量的标准蛋白质的迁移率对相对分子质量对数作图，可获得一条标准曲线。因此，未知蛋白质在相同条件下进行电泳，根据它的电泳迁移率即可在标准曲线上求得相对分子质量。SDS聚丙烯酰胺凝胶电泳常用于蛋白提取后的纯度检测，若只检测到一条目的条带，对应相对分子质量即可知道纯化蛋白是否单一。SDS-PAGE电泳也常用于Western blot检测步骤中的蛋白分离。总之，SDS-PAGE电泳是海洋贝类蛋白水平研究最为常见的实验技能之一。

二、工作液的配制

（1）30%胶贮液（Acrylamide∶Biscrylamide=29∶1）。

（2）分离胶Buffer（1.5 mol/L Tris-HCl，pH 8.8）　18.2 g Tris溶于80 mL水，用浓HCl调pH 8.8，加水定容到100 mL，4 ℃贮存。

（3）浓缩胶Buffer（1 mol/L Tris-HCl，pH 6.8）　12.1 g Tris溶于80 mL水，用浓HCl调pH 6.8，定容到100 mL，4 ℃贮存。

（4）5×电泳Buffer (pH 8.8 Tris-Gly)　15.1 g Tris，94 g甘氨酸，5 g SDS，加水定容到1 L，室温贮存。

（5）5×溴酚蓝上样Buffer　1.25 mL 0.5 mol/L Tris-Cl（pH 6.8），0.5 g SDS，2.5 mL甘油，25 mg溴酚蓝，蒸馏水定容至5 mL；小份分装后于室温保存；使用前按5%加入巯基乙醇（2-Me），可在室温下保存1个月左右。

（6）10%过硫酸铵（质量体积分数）。

（7）10% SDS（质量体积分数）。

（8）0.1%考马斯亮蓝染色液　Coomassie blue R-250 1 g，异丙醇

250 mL，冰醋酸 100 mL，蒸馏水 650 mL，滤纸过滤。

（9）考马斯亮蓝脱色液　乙醇 50 mL，冰醋酸 100 mL，蒸馏水 850 mL。

三、凝胶配制

（1）根据目的蛋白相对分子质量选择响应合适的分离胶浓度（蛋白相对分子质量小，凝胶浓度小），这里以 12%分离胶的配制为例（表 3－10）。

表 3－10　分离胶的配方

试　剂	体积（10 mL）
双蒸水	3.3 mL
30% 丙烯酰胺溶液	4.0 mL
1.5 mol/L Tris (pH 8.8)	2.5 mL
10% SDS	100 μL
10% 过硫酸铵	100 μL
TEMED（四甲基乙二胺）	8 μL

（2）5%浓缩胶的配制　见表 3－11。

表 3－11　浓缩胶的配方

试　剂	体积（4 mL）
双蒸水	2.7 mL
30% 丙烯酰胺溶液	670 μL
1.5 mol/L Tris (pH 6.8)	500 μL
10% SDS	40 μL
10% 过硫酸铵	40 μL
TEMED	8 μL

四、电泳操作

（1）将玻璃板、胶垫、梳子用双蒸水洗干净，用酒精棉球擦拭，将电泳槽安装好。

（2）按表 3－10 配制分离胶；过硫酸铵和 TEMED 最后加入，加入后充分混匀并立即混匀倒入两块玻璃板之间。注意为浓缩胶留有足够空间。

(3) 在胶顶部缓缓加入双蒸水至玻璃板的顶端，以阻止氧气对凝胶聚合的抑制作用。

(4) 让分离胶充分聚合，时间 30～60 min，聚合后在覆盖层和凝胶的界面间有一清晰的折光线。

(5) 待分离胶聚合完全后，倾去，用吸水纸吸去上层的双蒸水。

(6) 按表 3-11 配制 5%浓缩胶，并注入分离胶上端，插入梳子（插入梳子时要小心避免梳子顶端留有气泡）。

(7) 让浓缩胶充分聚合，时间 30 ～ 60 min。待浓缩胶聚合完全后，拔去梳子，立即用双蒸水清洗点样孔。

(8) 浓缩胶聚合好后，将制胶装置从基座上取下，放入电泳槽中。

(9) 加入新鲜配制的 1×电泳 Buffer。

(10) 取适量蛋白样品，加入 5×SDS 上样缓冲液充分混匀，沸水浴 10 min 后室温下冷却。

(11) 用微量注射器小心将 10～20 μL 蛋白样品加到样品槽底部。留一孔加 Marker。加样时间要尽量短，避免样品扩散及边缘效应。

(12) 先用 10 mA 恒流进行电泳，指示剂进入浓缩胶后改换 15～20 mA恒流，当指示剂移动到胶板底部时，停止电泳（根据实际实验需求，电流或电压可作调整）。

(13) 电泳结束后，将凝胶小心剥下，然后将凝胶浸入考马斯亮蓝染色液中染色 2 h 左右，回收染色液。

(14) 将凝胶浸泡在脱色液中，缓慢摇动 4～8 h 脱色。其间，换脱色液 3～4 次，直到脱色充分。注意在通风橱中操作。

(15) 用扫描仪记录点用结果。也可将凝胶装入盛有 20%甘油水溶液的塑料袋中，封闭保存；或将凝胶干燥成胶片保存。

五、应用实例

SDS-PAGE 电泳验证长牡蛎 *Cg*AKT1 蛋白的原核表达效果

用玻璃板按常规方法制板，所制浓缩胶高度约 25 mm，分离胶浓度 12%、高度约 175 mm。将所获 *Cg*AKT1 蛋白样品加入上样缓冲液充分混匀，沸水浴或金属浴 10 min 后，冷却。用微量注射器将 10～20 μL 蛋白样品和 5 μL Marker 加到样品槽底部，电泳时在浓缩胶阶段用 80 V 电压，待样品进入分离胶后用 120 V 电压至电泳完毕。取出凝胶浸入考马斯亮蓝染色液中染色 2 h 左右，回收染色液。将凝胶浸泡在脱色液中，缓慢摇动 4～8 h 脱色。其间，换脱色液 3～4 次，直到脱色充分。用扫描仪记录点用结果，检测 *Cg*AKT1 重组蛋白的表达情况。

第九节　蛋白质的透析复性

一、基本原理

海洋贝类原核表达的蛋白质大多数以包涵体的形式表达。包涵体（Inclusion bodies，IB）是指细菌表达的蛋白质在细胞内凝集，形成无活性的固体颗粒，它们致密地集聚在细胞内，或被膜包裹或形成无膜裸露结构。在重组蛋白的原核表达过程中缺乏某些蛋白质折叠的辅助因子，或环境不适，无法形成正确的次级键等原因形成了包涵体。包涵体蛋白是丧失生物活性的不可溶的错误折叠蛋白的聚集体，加上剧烈的处理条件，使蛋白质的高级结构破坏，因此重组蛋白的复性特别必要，特别是后续需要活性蛋白的实验显得尤为重要，也就是通过缓慢去除变性剂使目标蛋白从变性的完全伸展状态恢复到正常的折叠结构，同时去除还原剂使二硫键正常形成。包涵体的处理一般包括包涵体的洗涤、溶解、纯化及复性。尿素浓度复性蛋白一般在浓度 6 mol/L 左右时复性过程开始，到水时结束。

二、试剂材料

（1）透析袋处理液　调节 pH 至 6.0，用蒸馏水配制成 1 L（表 3 - 12）。

表 3 - 12　透析袋处理液配制体系

试　剂	终浓度	用　量
$NaHCO_3$	10 mmol/L	0.84 g
EDTA	1 mmol/L	0.372 g

（2）蛋白透析液（复性液）　pH 视蛋白等电点而定（一般为等电点±2），

用蒸馏水配制成 1 L（表 3 - 13）。

表 3 - 13　蛋白透析液（复性液）配制体系

试　剂	终浓度	用　量
Tris	50 mmol/L	6.05 g
NaCl	50 mmol/L	2.925 g
EDTA · 2 Na	1 mmol/L	0.37 224 g
还原性谷胱甘肽	1 mmol/L	0.62 g
氧化性谷胱甘肽	2 mmol/L	0.12 g
甘氨酸	1%	10 g
丙三醇（甘油）	—	200 mL

按 6 mol/L、4 mol/L、3 mol/L、2 mol/L、1 mol/L、0 mol/L 的尿素浓度配制透析液，每 12 h 按尿素浓度由高到低依次更换透析液。

三、操作步骤

（1）透析袋预处理　将适当长度的透析袋放入煮沸的透析袋处理液中，煮 5～10 min，取出，用双蒸水清洗 2 min（3～4 次），放于双蒸水中 4 ℃保存。

（2）将透析袋裁剪成合适大小（根据纯化蛋白的多少），一端用夹子固定好，用 1 mL 移液器将蛋白吸进透析袋，另一端用夹子固定好。然后放入事先配好的透析液（尿素 6 mol/L）中。

（3）蛋白复性从尿素浓度为 6 mol/L 的透析液开始，然后按照 6 mol/L、4 mol/L、3 mol/L、2 mol/L、1 mol/L、0 mol/L 的顺序透析，每隔12 h换一次透析液。到 0 mol/L 透析完后，根据自身需要将蛋白转移至合适的缓冲液（如 TBS，PBS 或者水）中进行透析。

四、应用实例

1. 长牡蛎 *CgAATase* 基因表达重组蛋白的复性

纯化后的 *Cg*AATase 重组蛋白存在于包涵体中，缺乏生物学活性，因此需要复性以满足后续实验要求。该重组蛋白的复性是将蛋白放入透析袋中，通过缓慢去除变性剂使重组蛋白从变性的完全伸展状态恢复到正常的折叠结构，同时去除还原剂使二硫键正常形成。尿素浓度一般从 6 mol/L 开始，直至水时结束。透析袋的准备：将长度适宜的透析袋放入透析袋处理液中煮沸 10 min 后，双蒸水冲洗干净。蛋白透析在 4 ℃条件下进行，从尿素浓度为 6 mol/L 的透析液开始，依次降低尿素浓度，每 12 h 更换透析液。将上述复性后的蛋白及可溶纯化的蛋白放入双蒸水中透析，彻底去除盐杂质，获得复性的 *Cg*AATase 重组蛋白。

2. 长牡蛎 *CgAstakine* 基因表达重组蛋白的复性

纯化后的 *Cg*Astakine 重组蛋白是从包涵体中得到的，且在变性条件下（8 mol/L 尿素中）纯化的，缺乏生物学活性，加上剧烈的处理条件，使蛋白的高级结构破坏，并且 *Cg*Astakin 是长牡蛎中的细胞因子，需要活性蛋白才能进行实验，因此重组蛋白需要进行复性。同样方法煮沸并清洗透析袋。不同浓度尿素的透析液（pH 7.6）中透析，变性条件下纯化的重组蛋白透析于 4 ℃条件下进行，把纯化完成的蛋白依次按照 pH 远离蛋白等电点 6 mol/L 一直到 0 mol/L 的尿素浓度依次透析，每 12 h 更换一次透析液，并检查蛋白是否析出，0 mol/L 的尿素浓度透析后，将蛋白转移至 PBS 中透析两次，完成透析后将蛋白从透析袋转移至 1.5 mL 离心管内分装保存在−80 ℃冰箱保存。经检测，复性后 *Cg*Astakine 蛋白具有生物学活性。

第十节 基于 BCA 法的蛋白浓度测定

一、基本原理

二辛可宁酸（Bicinchonininc acid，BCA）与含二价铜离子的硫酸铜等其他试剂组成的试剂，混合一起即成为 BCA 工作试剂。BCA 法测定蛋白浓度广泛适用于大部分动物蛋白定量，包括海洋贝类。BCA 工作原理是在碱性条件下，BCA 与蛋白质结合时，蛋白质将二价铜离子 Cu^{2+} 还原为一价铜离子 Cu^{+}，1 个 Cu^{+} 螯合 2 个 BCA 分子，工作试剂由原来的苹果绿形成稳定的紫色复合物，该水溶性的复合物在 562 nm 处显示强烈的吸光性，吸光度和蛋白浓度在广泛范围内有良好的线性关系，因此根据吸光度值可以推算出蛋白浓度。BCA 测定蛋白质的范围是 20～2 000 μg/mL，微量 BCA 测定蛋白质的范围是 0.5 ～10 μg/mL。

二、相关试剂

(1) BCA 试剂 A　1% BCA 二钠盐，2%无水碳酸钠，0.16%酒石酸钠，0.4%氢氧化钠，0.95%碳酸氢钠；混合调 pH 至 11.25。

(2) BCA 试剂 B　4%硫酸铜。

(3) 蛋白标准液　5 mg/mL 牛血清白蛋白 (Bovine serum albumin, BSA)，−20 ℃保存。

三、操作步骤

(1) 根据样品数量，按 50 体积 BCA 试剂 A 加 1 体积 BCA 试剂 B (50∶1)配制适量 BCA 工作液，充分混匀，BCA 工作液在室温条件下 24 h 内稳定。

(2) 完全溶解蛋白标准品，取 10 μL 稀释至 100 μL，使终浓度为 0.5 mg/mL。蛋白样品在哪种溶液中，标准品也宜用这种溶液稀释。简便起见，也可以用 0.9% NaCl 或 PBS 稀释标准品。

(3) 将标准品按 0 μL、1 μL、2 μL、4 μL、8 μL、12 μL、16 μL、20 μL加到 96 孔板的标准品孔中，用于稀释标准品的溶液相应将每空补足至 20 μL。

(4) 加适当体积样品到 96 孔板的样品孔中，用于稀释标准品的溶液加到 20 μL。

(5) 各孔加入 200 μL BCA 工作液，37 ℃保温箱放置 30 min。

注：也可以室温放置 2 h，或 60 ℃ 放置 30 min。BCA 法测定蛋白浓度时，吸光度会随着时间的延长不断加深，并且显色反应会因温度升高而加快。如果浓度较低，适合在较高温度孵育，或延长孵育时间。

(6) 利用酶标仪测定 A_{562} 吸光度值，540～595 nm 的波长也可接受，根据标准曲线计算出蛋白浓度。

注意：如发现样品稀释液或裂解液本身就有较高背景，请试用 Bradford 法蛋白浓度测定（见本章第十一节）；最好每次测定时都做标准曲线，因为 BCA 法测定时颜色会随着时间的延长不断加深，并且显色反应的速度和温度有关，所以除非精确控制显色反应的时间和温度，否则如需精确测定宜每次都做标准曲线。

四、应用实例

长牡蛎 SPSB 家族分子重组蛋白的冻存及蛋白浓度的检测

获得 SPSB 家族分子重组蛋白后，于 TBS 中透析后所纯化的蛋白用冷冻干燥机进行冻干后，用 TBS 将蛋白溶解，并用 BCA 试剂盒进行蛋白浓度的测定。具体操作步骤：首先将蛋白标准品（5 mg/mL）稀释变为 0.5 mg/mL、0.25 mg/mL、0.125 mg/mL、0.0 625 mg/mL、0.031 25 mg/mL、0 mg/mL 浓度梯度；依次向 96 孔酶标板中加入 20 μL 上述已经稀释好的蛋白标准品绘制标准曲线，同时向 96 孔酶标板中加入 20 μL SPSB 家族分子重组蛋白待测样品；向每个孔中依次加入 200 μL BCA 工作液，于37 ℃反应 30 min 后测定 OD_{595} 处吸光度值，根据所得出数据绘制的标准曲线计算出待测蛋白浓度。

第十一节　基于 Bradford 法的蛋白浓度测定

一、基本原理

Bradford 蛋白结合检测法（Bradford protein－binding assay）也就是考马斯亮蓝法测定蛋白浓度。考马斯亮蓝 G250 在一定浓度的乙醇和酸性条件下，可配成淡红的溶液，为阳离子，主要为双质子化。当在酸性溶液中与蛋白质结合后产生稳定化合物，G250 以阳离子、非质子化的形式存在，使染料的最大吸收峰的位置由 465 nm 变为 595 nm，溶液的颜色变为蓝色。研究发现染料主要是与蛋白质中的碱性氨基酸（特别是精氨酸）和芳香族氨基酸残基相结合。蓝色阳离子形式染料的量与样本中蛋白的量成正比，因此通过直接在 595 nm 下测定的吸光度值 A_{595} 可以反映蛋白量，吸光度值与蛋白质浓度成正比。Bradford 蛋白结合检测法的优点在于 G250 与蛋白质结合所需的时间较短（约 2 min），且结合的 G250－蛋白质复合物室温下约 1 h 内保持稳定。此反应灵敏度高，是一种非常常用的微量蛋白快速定量方法。

二、试剂材料

G250 染色液（4 ℃保存），蛋白标准液（5 mg/mL BSA，−20 ℃保存）。需可检测 560～610 nm 波长的酶标仪一台，最佳检测波长为 595 nm，并需要一个 96 孔板。

三、操作步骤

（1）完全溶解蛋白标准品，取 10 μL 稀释至 100 μL，使终浓度为 0.5 mg/mL。蛋白样品在哪种溶液中，标准品也宜用这种溶液稀释。

（2）将标准品按 0 μL、1 μL、2 μL、4 μL、8 μL、12 μL、16 μL、20 μL加到 96 孔板的标准品孔中，加标准品稀释液补足到 20 μL。

（3）加适当体积样品到 96 孔板的样品孔中，加标准品稀释液到 20 μL。

（4）各孔加入 200 μL G250 染色液，室温放置 3～5 min。

（5）用酶标仪测定 A_{595}，或 560～610 nm 的其他波长的吸光度。

（6）根据标准曲线计算出样品中的蛋白浓度。

四、应用实例

长牡蛎血清蛋白成分定量

为了探索细菌胞外产物（Extracellular products，ECP）如何在牡蛎中诱导免疫反应，首先将牡蛎的血清蛋白（0.5 mg/mL）与 ECP（0.1 mg/mL）孵育 2 h，然后通过超滤装置（Millipore，超过 3 ku 蛋白大小截止值）分离 ECP 降解的血清蛋白的血清片段（≤3 ku）。配置终浓度为 0.5 mg/mL 的蛋白标准液，将标准品按 0 μL、1 μL、2 μL、4 μL、8 μL、12 μL、16 μL、20 μL 加到 96 孔板的标准品孔中，并补足到 20 μL，各孔加入 200 μL G250 染色液，室温放置 3～5 min，用酶标仪测定 A_{595}处标准液的吸光度，将吸光度制作成标准曲线。随后将血清片段加入 96 孔板中，稀释到 20 μL，同样加入 200 μL G250 染色液，室温放置 3～5 min，用酶标仪测定 A_{595}处标准液的吸光度，根据标准液的标准曲线计算对应的蛋白浓度。

第十二节　小鼠多克隆抗体制备

一、基本原理

由于海洋贝类蛋白没有成熟的商品化抗体，目前利用小鼠、大鼠和兔子制备多克隆抗体是获得贝类抗体的最佳选择。当抗原被注射到实验动物体内时，实验动物体内的免疫细胞首先进行抗原呈递等一系列免疫反应，然后B淋巴细胞在辅助性T淋巴细胞的帮助下被激活，增殖分化成浆细胞进而产生针对不同抗原决定簇的特异抗体，这些抗体称为多克隆抗体。当利用抗原刺激实验动物多次以后，产生的抗体将大部分转变为IgG这类高活性抗体，且抗体的效价也不断升高。根据这个原理，可以多次使用抗原刺激实验动物而获得多克隆抗体。这里介绍一种比较常用且成熟的利用小鼠制备海洋贝类蛋白多克隆抗体的实验方法。

二、试剂材料

PBS buffer，完全弗氏佐剂（Sigma），不完全弗氏佐剂（Sigma），6周左右的雌性小鼠。

三、操作步骤

（1）将100 μL重组蛋白与等体积的完全弗氏佐剂用注射器混合，将混合液置于冰上，利用超声或者注射器将两者完全乳化（完全乳化的标准为：乳滴滴在水面上不散开）。

（2）将6周左右的雌性小鼠用乙醚麻醉，然后对小鼠腹部皮下注射上述均匀乳化的抗原。

（3）1周后，将500 μL的重组蛋白再与等体积的非完全弗氏佐剂混合乳化完全，然后同样的在小鼠腹部皮下均匀的注射乳化液。

（4）在第二次注射重组蛋白的第7天以及第14天，分别重复步骤（3）。

（5）7 d后，麻醉小鼠，小鼠眼球取血，血液于4 ℃倾斜静置12 h。

（6）4 ℃离心机800× g，离心10 min后取上清液为多克隆抗体，然后分装于200 μL的EP管于−80 ℃中保存，未注射重组蛋白的小鼠血清可作为阴性对照组。一般可以利用 Western blot（本章第十三节）检测多克隆抗体特异性情况。

四、应用实例

长牡蛎 *Cg*ANT1 的多克隆抗体制备与检测

对 4～6 周龄雌性昆明小鼠进行免疫，制备实验所需的 *Cg*ANT1 的鼠源多克隆抗体，具体制备步骤如下：

（1）将 800 μL 纯化好的 *Cg*ANT1 重组蛋白和等体积的完全弗氏佐剂进行混合，置于冰上，并用超声波破碎仪进行乳化。

（2）乳化 1～2 min 后，将乳化后产物滴入水中，检测是否完全乳化。

（3）乳化效果符合实验要求后，对小鼠腹部进行皮下注射，每次注射两针，每针 100 μL。

（4）注射 14 d 后，将 800 μL 纯化好的重组蛋白与等体积的不完全弗氏佐剂进行混合，置于冰上，并用超声波破碎仪进行乳化。

（5）符合乳化效果要求后，对小鼠腹部进行皮下注射，每次注射两针，每针 100 μL。

（6）7 d 后，重复步骤（4）、（5）。

（7）7 d 后，对小鼠进行眼球取血，标记好后倾斜放置。

（8）4 ℃静置过夜，300×*g* 离心收集血清，分装后将血清于−80 ℃保存。

（9）与长牡蛎血淋巴细胞提取蛋白孵育进行抗体特异性检测。结果发现一条与预测 *Cg*ANT1 蛋白大小一致的条带，说明抗体制备成功。

第十三节　免疫印迹法

一、基本原理

免疫印迹法（Western blot）是基于抗原抗体特异结合反应，经酶反应显色或自显影实现蛋白检测，其是广泛应用于分子生物学、生物化学和免疫遗传学的一种实验方法。通过聚丙烯酰胺凝胶电泳，被检测物是蛋白质，“探针”是抗体，“显色”用标记的二抗。经过 SDS-PAGE 分离的蛋白质样品，转移到固相载体上（硝酸纤维素薄膜、PVDF 膜、尼龙膜、

DEAE 纤维素膜等)。固相载体以非共价键形式吸附蛋白质，且能保持电泳分离的多肽类型及其生物学活性不变。转移后的固相载体就称为一个印迹（Blot），用蛋白溶液（如 5%BSA 或脱脂奶粉溶液）处理，封闭膜上的疏水结合位点。以固相载体上的蛋白质或多肽作为抗原，与对应的抗体（一抗）进行免疫结合，只有待研究的蛋白质才能与一抗特异结合形成抗原抗体复合物，这样清洗除去未结合的一抗后，只有在目标蛋白的位置上结合着一抗。再与酶或同位素标记的相应第二抗体结合，二抗是一抗的抗体，比如一抗是从鼠中获得的，则二抗就是抗鼠 IgG 的抗体，最终经过底物显色或放射自显影检测特异性目的蛋白表达。以目前常用的增强化学发光（Enhanced chemiluminescence，ECL）显色为例，ECL 化学发光检测试剂是基于 Luminol 的增强型化学发光底物试剂，它由辣根过氧化物酶（HRP）催化发生化学反应，发出荧光，结果可以通过 X 线片压片和其他显影技术展现或使用 Luminometer 检测，也就是 HRP 标记的二抗，可以通过 ECL 化学发光显示目的蛋白条带。

二、试剂材料

TBS (pH 7.4)，TBST (0.1% Tween - 20)，5%脱脂奶粉（溶于 TBST)，目的蛋白分子一抗，酶或同位素标记的二抗，ECL 发光试剂盒 (溶液 A 主要成分为 Luminol 及特制发光增强剂，溶液 B 主要成分为 H_2O_2 及特殊稳定剂)，SDS - PAGE 缓冲液（3.03 g Tris，14.4 g Glycine，1 g SDS，定容 1 L)，电转液（3.03 g Tris，14.4 g Glycine，200 mL甲醇，定容 1 L，提前预冷)，5×蛋白上样缓冲液。

三、相关仪器

Bio - Rad 蛋白电泳系统，半干式电转膜仪，X - ray 胶片，显影夹板，水平摇床，培养皿，移液器，剪刀，镊子，直尺，NC 膜或 PVDF 膜，滤纸，保鲜膜。

四、操作步骤

(1) 样品准备　蛋白样品经浓度测定后，加入 5×蛋白上样缓冲液，沸水浴煮 10 min，稍离心，－20 ℃冰箱保存备用。

(2) SDS-PAGE 电泳　采用常规 12% SDS-PAGE（根据目的蛋白大小适当调整凝胶浓度）电泳分离蛋白质样品。

(3) 转膜

① 取出电泳胶板，擦干水后使用 Marker 笔在玻璃板上画出要转膜的区域，并测量长宽，切取凝胶放入电转液中浸泡。

② 根据凝胶大小，剪取同样大小（或稍微大些）的 NC 膜，放入电转液中浸泡。如使用 PVDF 膜，需将其在甲醇中激活 15 s，然后再在电转液浸泡。

③ 根据凝胶大小，剪取同样大小（或稍微小些）的滤纸，放入预冷电转液中浸泡，4 ℃至少 10 min。

④ 将半干转膜仪平放，铺好塑料模具，按照滤纸-滤纸-膜-胶-滤纸-滤纸由下向上的顺序铺设。可在滤纸上补加预冷的电转液，并保证铺设整齐，切勿使上下滤纸接触（也可以选用湿转等方法）。

⑤ 填补空缺板孔。

⑥ 小心盖下转膜仪盖子，切勿压挤。

⑦ 通电，设置电转条件。一般按照电流＝胶面积×0.8 mA，运行 1 h。

注：可根据蛋白相对分子质量适当改变条件，如蛋白较小可缩减电流或时间：另外需保证运行电压低于 30 V（一般开始时为 4 V，随电转进行，滤纸中含水量减少，电压会逐渐升高），可在电压升至 20 V 时，暂停电转，补加预冷的电转液即可。

⑧ 电转完毕，取出膜片，进行下步操作。

注：为初步验证电转成功与否，可将膜用 1×丽春红染液染 3 min，然后蒸馏水浸洗几下，可看到膜上蛋白。然后用 TBS 洗 3 次，洗除丽春红染液。

(4) 抗原抗体反应

① 将以上膜片用 TBS 洗 3 次，每次 5 min；TBST 洗 3 次，每次 2 min。

② 5%脱脂奶粉封闭。

注：对于提取细胞蛋白建议过夜 4 ℃慢摇封闭过夜，对于纯化蛋白可

室温慢摇封闭 2～3 h。

③ 一抗孵育：将膜与靶蛋白抗体［1∶(300～3 000)］孵育，4 ℃慢摇 12 h 或室温慢摇 2～3 h。

注：Western blot 中一抗孵育是最为重要的一步，因为每个抗体都有自己的特点，建议摸索最佳抗体浓度和孵育温度及时间。

④ TBST 剧烈洗膜 3 次，每次 5 min。

⑤ 二抗孵育：将膜片与一抗种属抗性对应的二抗［1∶(3 000～10 000)］孵育，室温慢摇 1 h。

注：二抗浓度影响显影背景，一些二抗效价高，100 000 倍稀释；而一些二抗效价低，400～10 000 稀释，可多次摸索最佳浓度。

⑥ 利用 TBST 稍微剧烈洗 3 次，每次 5 min。

（5）ECL 显影　暗室中，先在显影夹上铺好保鲜膜，将膜平铺保鲜膜上；按体积比 1∶1 配制 ECL 发光液，用移液器加在膜上面，使其覆盖整张膜，关闭红灯，反应 3 min；盖上另一层保鲜膜，擦去多余反应液，剪取合适大小X－ray胶片，将胶片覆盖膜上，盖上显影夹盖子，曝光计时。将胶片拿出，显影液中显影 1～3 min，水洗，定影 1 min，水洗，观察。一般先曝光1 min，根据显影情况调整曝光时间。胶片晾干后，扫描胶片，保存。目前，也可以加入 1∶1 配制 ECL 发光液后利用全自动化学发光凝胶成像系统成像拍照，更为便捷。

五、应用实例

长牡蛎 *Cg*LC3 蛋白制备抗体特异性检测

按照常规方法提取血淋巴细胞蛋白样品，与 5×上样缓冲液混合后，100 ℃煮沸 10 min，进行 15% SDS－PAGE；电泳后，将所需凝胶切下并裁剪合适大小的硝化纤维素（NC）膜和 8 张滤纸，将凝胶、NC 膜和滤纸一并放入预冷的电转液中浸泡 10 min；按照 4 张滤纸，凝胶，NC 膜，4 张滤纸的顺序，依次由下至上放入半干式电转膜仪中，并根据 NC 膜的大小调整电流大小，转膜时间为 65 min；电转完成后，去除凝胶和滤纸，将 NC 膜用 TBST 清洗 3 次，每次 5 min；用 5%的牛血清白蛋白（BSA）于室温封闭 3 h；一抗孵育：将膜与目的蛋白 *Cg*LC3 抗体（1∶1 000）孵育，4 ℃慢摇过夜；TBST 严格清洗 5 次，每次 5 min；二抗孵育：将膜与 HRP 标记二抗抗体（1∶1 000）孵育，室温慢摇 3 h；TBST 严格清洗 3 次，每次 5 min；NC 膜与 ECL 检测试剂一起避光孵育 1 min；然后用全自动化学发光凝胶成像系统成像，并保存图像结果。结果出现与长牡蛎 *Cg*LC3 蛋白相对分子质量大小一致的条带，说明其抗体特异性较好。

第十四节　凝胶迁移实验

一、基本原理

凝胶迁移实验（Electrophoretic mobility shift assay，EMSA）是一种研究 DNA 或 RNA 结合蛋白和其相关的 DNA 或 RNA 结合序列相互作用的技术，可用于定性和定量分析。通常将纯化的蛋白或细胞粗提液和同位素或生物素标记的 DNA 或 RNA 探针一同保温，在非变性的聚丙烯凝胶电泳上，分离复合物和非结合的探针。探针-蛋白复合物比非结合的探针移动得慢。竞争实验中采用含蛋白结合序列的 DNA 或 RNA 片段和寡核苷酸片段（特异），以及其他非相关的片段（非特异），来确定 DNA 或 RNA 结合蛋白的特异性。在竞争的特异和非特异片段的存在下，依据复合物的特点和强度来确定特异结合。也可使纯化蛋白或细胞粗提液先与目标蛋白抗体孵育，此时探针-蛋白-抗体复合物移动比探针-蛋白复合物更慢，完成超迁移（Super - shift），从而确定特异结合蛋白。

二、相关试剂

碧云天 GS005 EMSA/Gel - Shift 结合缓冲液（5×），GS006 EMSA/Gel - Shift 上样缓冲液（无色，10×），GS007 EMSA/Gel - Shift 上样缓冲液（蓝色，10×），GS009B 封闭液，GS009 W 洗涤液（5×），DAH045 - 0.1 mL Streptavidin - HRP Conjugate，5×TBE。

三、操作步骤

（1）根据目标 DNA 或 RNA 序列预测靶蛋白结合位点（若是启动子，可用相关网站预测转录因子结合位点），设计相应位点的正反向寡核苷酸序列，交由引物合成公司合成5′端含生物素标记的探针、未进行标记的同序列探针及在结合位点进行突变的探针。

（2）按照表3－14配方配制6%的聚丙烯酰胺凝胶（5×TEB：EDTA 3.7 224 g/L，硼酸27.8 235 g/L，Tris 54.513 g/L，调节pH至8.0）。

表3－14 6%的聚丙烯酰胺凝胶配制体系

试 剂	体 积
5×TEB	1 mL
30% Ac－Bi	2 mL
40% Glycerin	625 μL
双蒸水	3.235 mL
10% AP	150 μL
10% TEMED	5 μL

以预冷为4 ℃的0.5×TBE为电泳缓冲液，100 V预电泳30～60 min。

（3）按照表3－15配置凝胶迁移结合反应体系。

表3－15 凝胶迁移结合反应体系

试 剂	阴性对照反应	样品反应	探针冷竞争反应	突变探针的冷竞争反应	Super－shift反应
DEPC水（μL）	7	5	4	4	4
EMSA/Gel－Shift结合缓冲液（5×）（μL）	2	2	2	2	2
细胞核蛋白或纯化的转录因子（μL）	0	2	2	2	2
未标记的探针（μL）	0	0	1	0	0
未标记的突变探针（μL）	0	0	0	1	0
目的蛋白特异抗体（μL）	0	0	0	0	1
总体积（μL）	9	9	9	9	9

（4）按照上述顺序依次加入各种试剂，室温（20～25 ℃）放置20 min。

（5）加入标记好的探针1 μL，混匀，室温（20～25 ℃）放置40 min。

（6）加1 μL EMSA/Gel－Shift上样缓冲液（无色，10×），混匀后立即上样。

在无色上样缓冲液里面添加极少量的蓝色上样缓冲液，至可以观察到蓝颜色即可，或者在多余的某个上样孔内加 10 μL 稀释好的 1×的 EMSA/Gel-Shift上样缓冲液（蓝色），用于观察电泳进行的情况。

(7) 换新的预冷为 4 ℃的 0.5×TBE，100 V 进行电泳，电泳在冰水浴中进行。

(8) 电泳至 EMSA/Gel-Shift 上样缓冲液中的蓝色染料溴酚蓝至胶的下缘 1/4 处，停止电泳。

(9) 裁剪与待转膜的 EMSA 胶大小相等的尼龙膜和滤纸，尼龙膜剪角做好标记，同滤纸和 PAGE 胶一起用预冷的 0.5×TBE 浸泡至少 10 min。

(10) 于半干转膜仪中转膜 30 min。

(11) 转膜完毕后，取出尼龙膜，样品面向上，放置在一干燥的滤纸上，轻轻吸掉下表面明显的液体。用紫外交联仪（UV-light cross-linker）选择 254 nm 紫外波长，120 mJ/cm^2，交联 45～60 s（或者使用配备 254 nm灯泡的紫外线灯，在距膜约 10 cm 的距离处交联 5～10 min）。

(12) 封闭液和洗涤液使用前在 37 ℃水浴中溶解至澄清透明。交联完的尼龙膜在封闭液中封闭，侧摆摇床或水平摇床上缓慢摇动 15 min。

(13) 按 1∶2 000 的比例用封闭液稀释 Streptavidin-HRP Conjugate，混匀，将尼龙膜置于其中反应 15 min。

(14) 将 5×洗涤液稀释为 1×，摇床上漂洗尼龙膜 1 min，后再洗涤尼龙膜 3 次，每次 5 min。

(15) 更换 30 mL 底物平衡缓冲液，轻摇孵育 5 min；配制向稳定过氧化物溶液中添加 1∶1 等体积的鲁米诺/增强剂溶液来制备底物工作溶液(选做)。

(16) ECL 显影扫描并拍照。

四、应用实例

长牡蛎 *CgSTAT* 重组蛋白与 *CgMx1* 基因启动子凝胶迁移实验

通过序列比对，将 *CgMx1* 启动子区域中的 ISRE（atggcttttgaaat-agaaatgaagttccat）和 GAS（gtggaactcttcctgaatttggcgtgccat）寡聚核苷酸序列交由引物合成公司合成 5′端含生物素标记的和关键位点突变的探针

(ISRE1：atggcttttgaCCtagaCCtgaagttccat；GAS - probe：gtggaactcG-GcctgCCtttggcgtgccat)，以及未经生物素标记的寡核苷酸序列（ISRE/GAS-WT)。将合成的寡核苷酸序列用退火缓冲液稀释至10 μmol/L 后取等量的正反链探针退火（95 ℃，5 min，缓慢降温至室温）形成双链，于－20 ℃保存。利用凝胶迁移实验验证 r*Cg* STAT 蛋白与 *CgMx1* 启动子区域的结合活性。

参考文献

李嘉珞，2022. 长牡蛎 SPSB 家族分子的鉴定及功能的初步研究 [D]. 大连：大连海洋大学.

鹿蒙蒙，2018. 长牡蛎干扰素调节因子（*Cg*IRF-1 和 *Cg*IRF-8）对干扰素系统调控机制的初步研究 [D]. 大连：大连海洋大学.

辛鲁生，2016. 长牡蛎白介素 17 及其信号通路分子的作用机制 [D]. 青岛：中国科学院海洋研究所.

许文涛，黄昆仑，常世敏，等，2004. SDS 聚丙烯酰胺凝胶电泳快速染脱色方法的比较研究 [J]. 食品科学，S1：150-153.

王敏，2019. 长牡蛎 SPSB 家族分子的鉴定及功能的初步研究 [D]. 大连：大连海洋大学.

Bradford M M，1976. A rapid and sensitive method for the quantitation of microgram quantities of protein utilizing the principle of protein-dye binding [J]. Analytical Biochemistry，72 (1)：248-254.

Chen Y，Niu X，Lin Y，et al.，2018. Prokaryotic expression，purification and preparation of rat polyclonal antibody against Escherichia coli ZipA [J]. Chinese Journal of Cellular & Molecular Immunology，34：942-948.

Dong M，Song X，Wang M，et al.，2019. *Cg*AATase with specific expression pattern can be used as a potential surface marker for oyster granulocytes [J]. Fish & Shellfish Immunology，87：96-104.

Hellman LM，Fried MG，2007. Electrophoretic mobility shift assay (EMSA) for detecting protein-nucleic acid interactions [J]. Nat Protoc，2 (8)：1849-1861.

Hou L，Qiao X，Li Y，et al.，2022. A RAC-alpha serine/threonine-protein kinase (*Cg*AKT1) involved in the synthesis of *Cg*IFNLP in oyster *Crassostrea gigas* [J]. Fish & Shellfish Immunology，127：129-139.

Kim Brianna，2017. Western Blot Techniques [J]. Methods Mol Biol，1606：133-139.

Li J，Wang W，Zhao Q，et al.，2021. A haemocyte-expressed Methyltransf _ FA domain containing protein (MFCP) exhibiting microbe binding activity in oyster *Crassostrea gigas* [J]. Developmental & Comparative Immunology, 122: 104137.

Lv X, Wang W, Zhao Q, et al., 2021. A truncated intracellular Dicer - like molecule involves in antiviral immune recognition of oyster *Crassostrea gigas* [J]. Developmental & Comparative Immunology, 116: 103 931.

Lv X, Yang W, Guo Z, et al., 2022. *Cg*HMGB1 functions as a broad - spectrum recognition molecule to induce the expressions of *Cg*IL17 - 5 and *Cg*defh2 via MAPK or NF - κB signaling pathway in *Crassostrea gigas* [J]. International Journal of Biological Macromolecules, 211: 289 - 300.

Noble J E, Bailey M J, 2009. Quantitation of protein [J]. Methods Enzymol, 463: 73 - 95.

Smith B J, 1994. SDS polyacrylamide gel electrophoresis of proteins [J]. Methods Mol Biol, 32: 23 - 34.

Smith P K, Krohn R I, Hermanson G T, et al., 1985. Measurement of protein using bicinchoninic acid [J]. Analytical Biochemistry, 150 (1): 76 - 85.

Song Y, Song X, Zhang, et al., 2021. An HECT domain ubiquitin ligase *Cg*WWP1 regulates granulocytes proliferation in oyster *Crassostrea gigas* [J]. Dev Comp Immunol, 123: 104 148.

Wang S, Li Y, Qiao X, et al., 2022. A protein inhibitor of activated STAT (*Cg*PIAS) negatively regulates the expression of ISGs by inhibiting STAT activation in oyster *Crassostrea gigas* [J]. Fish & Shellfish Immunology, 131: 1214 - 1223.

Wang W, Lv X, Liu Z, et al., 2019. The sensing pattern and antitoxic response of Crassostrea gigas against extracellular products of *Vibrio splendidus* [J]. Developmental & Comparative Immunology, 102: 103467.

Yang W, Lv X, Leng J, et al., 2021. A fibrinogen - related protein mediates the recognition of various bacteria and haemocyte phagocytosis in oyster *Crassostrea gigas* [J]. Fish & Shellfish Immunology, 114: 161 - 170.

Yang Y, Qiao X, Song X, et al., 2022. *Cg*ATP synthase β subunit involved in the regulation of haemocytes proliferation as a *Cg*Astakine receptor in *Crassostrea gigas* [J]. Fish & Shellfish Immunology, 123: 85 - 93.

Zheng Y, Liu Z, Wang L, et al., 2020. A novel tumor necrosis factor in the Pacific oyster *Crassostrea gigas* mediates the antibacterial response by triggering the synthesis of lysozyme and nitric oxide [J]. Fish Shellfish Immunol, 98: 334 - 341.

第四章

免疫组化相关实验方法

第一节　血淋巴细胞滴片及组织石蜡切片的制备

一、基本原理

海洋贝类血淋巴细胞（或血细胞）滴片的显微镜检查是血淋巴细胞检查的基本方法，应用极广。血淋巴细胞滴片包括玻片的制作和染色两个步骤。

石蜡切片是组织学常规制片技术中最为广泛应用的方法。石蜡切片可用于观察细胞组织的形态结构，已相当广泛地用于许多学科领域的研究。活的细胞或组织多为无色透明状，各种组织以及细胞内结构之间均缺乏反差，在一般光学显微镜下不易清楚区分；组织离开机体后很快就会死亡腐败，失去原有正常结构。因此，组织要经固定、石蜡包埋、切片及染色等步骤以清晰辨认其形态结构。

二、相关试剂

抗凝剂，PBS缓冲液，4%多聚甲醛，波恩（Bouin）氏液，石蜡，各浓度乙醇溶液（70%、80%、95%、100%），二甲苯。

三、操作步骤

（一）血淋巴细胞滴片

（1）取所需长牡蛎、扇贝或其他实验动物，用盛有适宜体积抗凝剂的

10 mL（或其他适宜量程）注射器以 1∶1 体积比抽取等量血淋巴。

(2) 在 4 ℃条件下，800×g，离心 10 min，收集血淋巴细胞。缓慢弃掉上清，用 2 mL 缓冲液重复洗 3 次，然后用缓冲液重悬血淋巴细胞，并调整细胞浓度至 10^7 个/mL。

(3) 在多聚赖氨酸包被的载玻片上滴加 20 μL 血淋巴细胞悬液，注意均匀分布（可用组化笔圈定范围，以防液体流失）。

(4) 将滴好的玻片置于湿盒中室温孵育 1 h，使其自然形成单层细胞；

(5) 待血淋巴细胞贴到载玻片上后，吸取多余液体后，用 4%多聚甲醛固定细胞 10 min，PBS 重复洗 3 次后，进行后续操作。

（二）组织石蜡切片

(1) 取长牡蛎、扇贝或其他实验动物组织样本。取样体积不宜过大，以免影响固定效果。用波恩氏液室温浸泡固定 24 h 后，用 70%乙醇浸泡 2 h。

(2) 组织样品进行脱水、浸蜡步骤如表 4-1 所示：

表 4-1　组织脱水浸蜡流程

步　骤	试　剂	时　间
1	80%乙醇	1 h
2	95%乙醇	1 h
3	无水乙醇	30 min
4	无水乙醇	30 min
5	二甲苯∶无水乙醇（1∶1）	30 min
6	二甲苯	20 min
7	二甲苯	10 min
8	二甲苯∶石蜡（1∶1）	30 min
9	石蜡	2 h

(3) 用石蜡包埋浸蜡后的组织块。

(4) 待石蜡冷却凝固后，对各组织样品进行连续切片。

(5) 通过水浴将切片摊平，并使其平铺在多聚赖氨酸处理的载玻片上。

（6）37 ℃孵育 24 h，室温备用。

四、应用实例

1. 长牡蛎不同类型血淋巴细胞的观察

（1）长牡蛎血淋巴细胞滴片及显微观察　长牡蛎血淋巴细胞滴片及显微观察具体实验步骤：用含有抗凝剂的 5 mL 注射器 1∶1 抽取血淋巴，800×*g*，离心 10 min 后去除上清；用 L15 培养基重悬血细胞，调整细胞浓度至 10^7 个/mL；在多聚赖氨酸包被的载玻片上用组化笔画圈，并取 20 μL血细胞悬液，均匀涂布在圈内；将滴好的玻片置于湿盒中室温自然沉降 30 min，使其形成单细胞层并黏附于载玻片上；吸取多余液体后，用多聚甲醛固定细胞 10 min，PBS 洗两遍；先后经瑞氏吉姆萨染色法染色后，PBS 洗两遍；滴加甘油封片后，于显微镜下观察。可在显微镜下观察到细胞的大小、形态和颗粒度等，便于区分不同类型的血淋巴细胞。

2. 组织染色

（1）长牡蛎各组织石蜡切片的制备　石蜡切片的制备：取牡蛎各组织，如鳃、外套膜、肝胰腺、闭壳肌、性腺等，用波恩氏液室温固定 24 h，用 70%的乙醇浸泡脱色2 h，反复脱色 3～4 次；脱水，使用梯度乙醇进行脱水，对使用波恩氏液固定的组织依次用 80%、95%、100%的乙醇进行脱水处理 30 min（处理时间可根据组织大小进行调整）；浸蜡，将脱水后的组织依次在乙醇/二甲苯、二甲苯、二甲苯/石蜡中浸泡 30 min 后，置于液体石蜡中浸泡至少2 h；包埋，使用石蜡包埋浸蜡完成的组织块，置于−20 ℃保存；切片，对各组织样品进行连续切片，使得切片厚度为 6 μm，在水浴中将切片摊平，使其平铺在多聚赖氨酸处理的载玻片上，37 ℃放置过夜，室温保存待用。

（2）长牡蛎鳃组织病理切片的制备　为检测长牡蛎 r*Cg*HMGB1 和 r*Cg*IL17－5 重组蛋白刺激长牡蛎后鳃组织的病理变化，制备组织病理切片。实验分为四个组：rTrx－1 组（每只长牡蛎注射 0.2 mg/mL rTrx，100 μL），rTrx－2 组（每只长牡蛎注射 0.5 mg/mL rTrx，100μL），r*Cg*HMGB1 组（每只长牡蛎注射 0.2 mg/mL r*Cg*HMGB1，100 μL）， r*Cg*IL17－5 组（每只长牡蛎注射 0.5 mg/mL r*Cg*IL17－5，100 μL），rTrx－1 组是 r*Cg*HMGB1 组的对照组，rTrx－2 组是 r*Cg*IL17－5 组的对照组；分别在刺激后 24 h 取鳃组织，每组各取 3 只牡蛎；将鳃组织用波恩氏液室温浸泡于平底标本瓶内，静置 24 h；将波恩氏液倒出，加入70%乙醇保存样品；将鳃组织进行石蜡包埋，病理切片制作和苏木精-伊红（HE）染色；制作好的鳃组织切片用光学显微镜观察，用于评价免疫刺激后鳃组织的病理变化。

第二节　基于血淋巴细胞滴片及组织石蜡切片的免疫荧光技术

一、基本原理

根据抗原抗体反应和化学显色原理，细胞标本或组织切片中的抗原先和抗体（一抗）结合，再利用一抗与标记生物素、荧光素等的二抗进行反应，前者再用标记辣根过氧化物酶（HRP）或碱性磷酸酶（AKP）等的抗生物素（如链霉亲和素等）结合，最后通过呈色反应或荧光来显示细胞或组织中化学成分，在光学显微镜或荧光显微镜下可清晰看见细胞内发生的抗原抗体反应产物，从而能够在血淋巴细胞滴片或组织切片上原位确定某些化学成分的分布和含量。

二、试剂材料

（1）血淋巴细胞滴片，组织石蜡切片。

（2）组化笔，湿盒，高压灭菌锅。

（3）3%牛血清白蛋白（BSA）：1 mL PBS，0.03 g 胎牛血清白蛋白。

（4）0.01 mol/L 柠檬酸盐缓冲液：

A 液：$Na_3C_6H_5O_7 \cdot 2H_2O$ 29.4 g 加蒸馏水至 1 L。

B 液：柠檬酸 · $C_6H_5O_7 \cdot H_2O$ 21.0 g 加蒸馏水至 1 L。

取 A 液 16.2 mL，加 B 液 3.8 mL，使用蒸馏水定容至 200 mL 配成 0.01 mol/L 柠檬酸盐缓冲液。

（5）一抗，Alexa Fluer 488 标记的二抗，甘油。

三、操作步骤

（一）血淋巴细胞滴片

（1）取出血淋巴细胞滴片，使用 PBST 浸洗三次，每次 5 min。

（2）用组化笔划分各样本。

（3）每个样品滴加 20 μL 3% 胎牛血清白蛋白室温封闭背景 30 min。

（4）甩去胎牛血清白蛋白，每个样品滴加 20 μL 抗体（一抗），37 ℃湿盒中孵育 1 h，用健康血清/免疫前血清作为阴性对照。

（5）取出血细胞滴片，使用 PBST 浸洗 3 次，每次 5 min。

（6）每个样品滴加 20 μL 稀释后 Alexa Fluer 488 标记的二抗（按说明稀释），37 ℃避光孵育 50 min。

（7）取出血细胞滴片，荧光使用 PBST 浸洗 3 次，每次 5 min。

（8）50%缓冲甘油封片，荧光显微镜观察，拍照。

（二）组织石蜡切片

（1）组织切片脱蜡、复水（表 4－2）。

表 4－2　组织脱蜡复水流程

步　骤	试　剂	时　间（min）
1	二甲苯	10
2	二甲苯：无水乙醇（1：1）	3
3	95%乙醇	3
4	80%乙醇	3
5	70%乙醇	3
6	50%乙醇	3
7	30%乙醇	3
8	蒸馏水	3

注：石蜡切片脱蜡至蒸馏水，室温干燥后可置于－20 ℃冰箱保存备用。

（2）58 ℃，1 h，并自然冷却。

（3）取各组织切片使用 PBST 浸洗 5 min。

（4）将切片插入切片架上，切片架置入对应载物盒内并加入 200 mL

0.01 mol/L 柠檬酸盐缓冲液。

(5) 将切片架浸泡在柠檬酸盐缓冲液中，在高压灭菌锅中 120 ℃，6 min进行抗原复性；取出后自然冷却至室温。

(6) 取出切片，使用 PBST 浸洗三次，每次 5 min。

(7) 用组化笔划分各样本。

(8) 每个样品滴加 20 μL 3% 胎牛血清白蛋白室温封闭背景 30 min。

(9) 甩去胎牛血清白蛋白，每个样品滴加 20 μL 抗体（一抗），37 ℃湿盒中孵育 1 h，用健康血清/免疫前血清作为阴性对照。

(10) 取出切片，使用 PBST 浸洗三次，每次 5 min。

(11) 每个样品滴加 20 μL 含 1×伊文斯蓝的 Alexa Fluer 488 标记的二抗（按说明稀释），37 ℃孵育 50 min。

(12) 取出切片，使用 PBST 浸洗三次，每次 5 min。

(13) 50%缓冲甘油封片，显微镜观察，拍照。

四、应用实例

1. 长牡蛎 *Cg*ANT1 蛋白免疫荧光（细胞定位）检测

采用免疫荧光技术，检测 *Cg*ANT1 在血淋巴细胞中的亚细胞定位。具体步骤：①使用牡蛎刀撬开长牡蛎后，用 20 mL 注射器抽取血淋巴，每组注射器内含有 5 mL 抗凝剂，血淋巴过 300 目筛绢后 4 ℃、800×*g* 离心 10 min，弃上清；②先用 L－15 盐重悬细胞，800×*g* 离心，弃上清；③重复步骤②；④用 L－15 盐重悬细胞，滴片，将重悬液滴在免疫组化笔标记过的载玻片上的圆圈内，静置 1～2 h，待其沉降贴壁后，弃去上层液体，加入 4%多聚甲醛固定液，固定 20 min；⑤将载玻片上的血淋巴细胞用 PBST 洗涤 3 次，每次 5 min，弃去洗涤液；⑥用含有 0.2% TritonX－100 的 PBST 配制成的细胞通透处理液处理 5 min；⑦用 PBST 洗涤 3 次，每次 5 min，弃去洗涤液；⑧用含有 3%BSA 的 PBST 室温封闭 1 h，封闭后弃去封闭液；⑨*Cg*ANTI 抗体（1∶400 加入 3%BSA 的 PBST）与血淋巴细胞孵育，4 ℃封闭过夜；⑩将载玻片上的血细胞用 PBST 洗涤 3 次，每次 5 min；⑪将 Alexa Fluer 标记的二抗（1∶2 000 加入 3%BSA 的 PBST）与血淋巴细胞室温避光孵育 1 h；⑫PBST 洗涤 3 次，每次 5 min

(避光操作);⑬用细胞核染色剂 DAPI 与血淋巴细胞避光孵育 20 min,PBST 洗涤 3 次,每次5 min(避光操作);⑭弃去洗涤液,滴加 20 μL 抗荧光猝灭剂并盖上盖玻片,弃去周围多余液体,封片后避光静置,通过激光共聚焦显微镜观察。视野中绿色代表 *Cg*ANT1 阳性信号,蓝色代表 DAPI 染色后的细胞核,可准确地判断出 *Cg*ANT1 在血淋巴细胞中的亚细胞定位。

2. 长牡蛎增殖细胞核抗原 *Cg*PCNA 蛋白在鳃组织中的表达变化检测

采用免疫荧光技术检测目的蛋白 *Cg*PCNA 在细胞因子 *Cg*Astakine 刺激之后在鳃组织中的表达情况。实验组长牡蛎被注射 100 μL 0.2 mg/μL 的重组 *Cg*Astakine 蛋白,等体积海水作为对照。将处理后长牡蛎鳃组织进行常规石蜡切片制作,并按照顺序进行脱蜡复水。将石蜡切片在 PBST 中浸洗 5 min 后,将切片插切片架上,在 250 mL 盒内加入 200 mL 0.01 mol/L 柠檬酸盐缓冲液,使用高压灭菌锅 120 ℃处理 6 min 进行抗原复性,取出后自然冷却至室温。将组织切片滴加 100 μL 3% BSA 溶液进行封闭,室温静置 1 h 后倾去封闭液。甩去 BSA,将含有 *Cg*PCNA 抗体的血清(一抗)稀释 500 倍后,滴加到样品表面,37 ℃湿盒中孵育 2 h,阴性血清做对照。将玻片使用 PBST 浸洗 3 遍,AlexaFluer 488 标记的羊抗鼠 IgG 二抗稀释 2000 倍,滴加到样品表面,37 ℃湿盒中孵育 1 h。将玻片使用 PBST 浸洗 3 遍,使用 DAPI(1∶2500 稀释)对细胞核室温染色 5 min,使用 PBST 浸洗 3 遍。使用 50%的甘油进行封片。显微镜观察,使用激光共聚焦显微镜观察实验结果。结果显示,*Cg*Astakine 刺激后长牡蛎鳃组织内绿色荧光标记的 *Cg*PCNA 信号数量增加。

第三节 扇贝和牡蛎胚胎整体免疫荧光

一、基本原理

根据抗原抗体特异结合反应的原理,并通过荧光标记二抗与目的抗体(一抗)结合,利用荧光显微镜可以看见荧光所在的细胞或组织,从而确定抗原或抗体的性质和定位。胚胎整体免疫荧光实验在海洋贝类发育、免疫等研究中广泛使用。胚胎整体免疫荧光实验的主要步骤包括发育时期样品的采集、固定及通透（或称为透化）、封闭、抗体孵育及荧光检测等，准确定位靶蛋白分子，跟踪其在胚胎发育过程中的时空演化。

二、试剂材料

PBS（pH 7.4），5% EDTA（PBS），PBST（0.1% Tween-20），0.5% TritonX-100（PBS），0.05%胰蛋白酶液（PBST），60%甘油-PBS，梯度甲醇-PBST（75%、50%、25%）；靶蛋白分子一抗，荧光标记的二抗，阴性血清，异丙醇（Isopropanol），苯甲酸苄酯（Benzyl benzoate），苯甲醇（Benzyl alcohol）（Benzyl benzoate：Benzyl alcohol=2：1配制成 Murry's clear 备用）。Blocking buffer：10%封闭用正常山羊血清，1% BSA，0.5% Triton X-100，0.05%Tween-20，0.05%叠氮化钠（用PBS配制）。

三、相关仪器及耗材

AxygenEP管（1.5 mL），摇床，移液器，载玻片，盖玻片（Poly-L-Lysine包被），激光共聚焦显微镜。

四、操作步骤

(1) 取部分扇贝/牡蛎胚胎样品（已用多聚甲醛固定，并用甲醇进行梯度脱水保存）至EP管，室温平衡后梯度甲醇-PBST（75%、50%、25%）复水至PBST，每次5 min（让胚胎自然沉降）。

注：担轮幼虫之前胚胎样品可略过步骤（2）和（3）。

(2) 5% EDTA（PBS）溶液脱钙30 min。

(3) PBST浸洗2次，每次15 min。

(4) 0.5% Triton X-100（溶于PBS）透膜20 min。

(5) 0.05%胰蛋白酶液（溶于PBST）抗原修复20 min。

(6) PBST浸洗3次，每次15 min。

(7) Blocking buffer室温封闭2 h。

(8) 吸除Blocking buffer，加入靶蛋白分子抗体［1：(100～500) in Blocking buffer，根据抗体的效价］200～400 μL，4 ℃过夜孵育。

(9) 吸除一抗溶液，PBST 浸洗 3 次，每次 30 min (摇洗)。

(10) 加入荧光标记二抗［1∶(400～800) in Blocking buffer］200～400 μL，室温摇床孵育 1 h。

(11) 吸除二抗溶液，PBST 浸洗 3 次，每次 30 min (摇洗)。

(12) 样品透明化处理：用组化笔在多聚赖氨酸载玻片上画圈，取适量孵育好的幼虫样品滴加在载玻片上经过 70%、85%、95%、100%的异丙醇 2 遍依次处理；用 Murry's clear 处理 3 遍，每遍 30 s。

(13) 加入 20 μL Murry's clear 封存样品，4 ℃放置，一周内激光共聚焦显微镜观察。

五、应用实例

整体免疫荧光定位检测 *Cg*－SCL 在早期发育过程中的时空分布

从养殖场采集的长牡蛎幼虫（桑葚胚、囊胚、原肠胚、担轮幼虫、D 形幼虫、壳顶幼虫等）通过多聚甲醛固定 2 h 后，依次进行 25%、50%和 70%甲醇梯度脱水，并于－20 ℃保存在无水甲醇中。实验时，首先用梯度甲醇复水至 PBST 中，然后用 PBST 漂洗幼虫 3 遍，D 形幼虫期之后的幼虫需要用 25 mmol/L EDTA 脱钙 30 min，PBST 再浸洗 3 次，每次 15 min。接着用封闭液（10%正常山羊血清、0.25%胎牛血清、1% TritonX－100，溶于 PBS）4 ℃封闭过夜。第 2 天去除封闭液，将 *Cg*－SCL 多克隆抗体用封闭液 1∶1 000 稀释加入幼虫中 4 ℃孵育 3～4 h（或封闭过夜），然后用 PBST 摇洗 3 次，每次 25 min。将商品化的 Alexa Fluor 488 标记的羊抗鼠 IgG 二抗用封闭液稀释 1 000 倍后与幼虫共同孵育 1 h，用 PBST 摇洗 3 次，每次 25 min。最后将幼虫样品与 30%甘油混匀，置于载玻片上，荧光显微镜观察。

参考文献

王伟林，2017. 长牡蛎免疫适应性（免疫致敏）机制的初步研究［D］. 青岛：中国科学院海洋研究所.

王秀丹，2017. 长牡蛎对海洋酸化的响应与适应机制研究［D］. 青岛：中国科学院海洋研究所.

Lv X，Yang W，Guo Z，et al.，2022. *Cg*HMGB1 functions as a broad - spectrum recognition molecule to induce the expressions of *Cg*IL17 - 5 and *Cg*defh2 via MAPK or NF - κB signaling pathway in *Crassostrea gigas* [J]. International Journal of Biological Macromolecules，211：289 - 300.

Song X，Wang H，Chen H，et al.，2016. Conserved hemopoietic transcription factor *Cg* - SCL delineates hematopoiesis of Pacific oyster *Crassostrea gigas* [J]. Fish & Shellfish Immunology，51：180 - 188.

Xin L，Zhang H，Du X，et al.，2016. The systematic regulation of oyster *Cg*IL17 - 1 and *Cg*IL17 - 5 in response to air exposure [J]. Developmental & Comparative Immunology，63：144 - 155.

Zhang Y，Liu Z，Zong Y，et al.，2020. The Increased Expression of an Engrailed to Sustain Shell Formation in Response to Ocean Acidification [J]. Front Physiol，11：530435.

第五章

免疫活性相关实验方法

第一节　抗菌抑菌活性测定

一、基本原理

海洋贝类中富含免疫活性物质，比如抗菌肽、抗氧化肽、抗癌肽等。抗菌抑菌活性测定也普遍应用于海洋贝类某些肽或蛋白质的体外活性检测。某些蛋白能够结合到细菌的细胞壁上破坏细胞壁的成分，它们能够通过影响细胞壁的形成从而抑制细菌的生长。其中，较为常用的是最小抑菌浓度（MIC）测定、平板涂布菌落计数法和比浊法等。

二、生长曲线法检测最小抑菌浓度

（1）生长至对数期的各种微生物经 TBS 彻底清洗后，重悬于 TBS 中并调整浓度为 1×10^4 CFU/mL。CFU 为菌落形成单位（Colon - forming unit）。

（2）取 50 μL 微生物悬液与等体积的重组蛋白（标签蛋白如 rTrx 为阴性对照，TBS 为空白对照）。

（3）取 20 μL 重组蛋白与微生物悬液，加入 96 孔板的孔中，并向孔中加入相应培养基。

（4）将 96 孔板放置于酶标仪中，设置适宜温度并震荡培养 12～14 h，每小时读数一次（OD_{600}）。

（5）记录各时间点读数，绘制生长曲线。

三、菌落计数法

(1) 实验细菌用无菌生理盐水配成浓度约为 4×10^4 CFU/mL 的菌悬液。

(2) 取 50 μL 菌悬液与 500 μL 待测蛋白或肽混合于 1.5 mL 离心管中，然后置于 37 ℃恒温培养箱孵育。

(3) 在孵育 1 h、2 h、3 h 和 4 h（可根据抑菌物质特征进行时间调整）时分别取适量该混悬液用 PBS 缓冲液将其稀释 10 000 倍，进行营养琼脂平板涂布，置 37 ℃恒温培养 24 h，计数 CFU，每个时间点设 3 个平行试验，以无菌生理盐水为对照组。

(4) 抗菌活性用细菌存活指数（Survival index，SI）表示，某时刻的 SI=（某时刻细菌的菌落形成单位÷起始时细菌的菌落形成单位）×100。

四、比浊法

(1) 用 0.1 mol/L，pH 6.4 的磷酸钾盐缓冲液从固体斜面上将大肠杆菌洗下作为底物并配成一定浓度的悬浊液（OD_{570} =0.3～0.5）。

(2) 取 500 μL 悬液于试管内置冰浴中，再加入 50 μL 血清混匀，测其保温前试液在 570 nm 波长处的光密度值（A_0）。

(3) 然后将试液移入 37 ℃温浴中 30 min，取出后立刻置于冰上，冰浴 10 min 以终止反应，测其冰浴后试液在 570 nm 波长处的光密度 A 值。

(4) 抗菌活力 $Ua=\frac{\sqrt{A_0-A}}{\sqrt{A}}$。以空白血清为对照，于 570 nm 处测其光密度值，以校正 A_0、A 值。

五、应用实例

长牡蛎凝集素 *Cg*CLecs 对微生物生长的抑制作用

通过绘制微生物的生长曲线，鉴定重组蛋白 r*Cg*CLecs 对微生物生长的抑制能力。将重组蛋白 r*Cg*CLecs 分别与灿烂弧菌（*V. splendidus*）、金黄色葡萄球菌（*S. aureus*）和大肠杆菌（*E. coli*）在室温条件下孵育 2 h。若存在 Ca^{2+} 依赖性则需要在 10 mmol/L 的 $CaCl_2$ 存在条件下室温孵育2 h。

取 20 μL 混合物加入 200 μL 相应培养基中，于室温下震荡培养，每小时读数 OD_{600} 一次并绘制生长曲线以评价 r*Cg*CLecs 重组蛋白对以上微生物生长的抑制作用。

第二节 凝菌活性测定及其抑制实验

一、基本原理

颗粒性抗原（如细菌或红细胞）的悬液与含有特异性抗体的血清混合，在适量电解质存在的情况下，经过一定时间，出现肉眼可见的凝集块，称为凝集反应。海洋贝类来源的免疫活性物质常具有细菌凝集活性、血细胞凝集活性等。其中，凝菌活性常用荧光标记的细菌与相应的海洋贝类来源重组蛋白相互孵育，通过荧光显微镜观察凝集现象。

二、试剂材料

异硫氰酸荧光素（Fluorescein isothiocyanate，FITC）、$NaHCO_3$（0.1 mol/L，pH 9.0）、甲醛溶液。

三、操作步骤

1. 荧光标记微生物

（1）常规方法培养所选择的微生物，然后将生长至对数期的微生物进行 5 000×g，离心 10 min 收集菌体，再用甲醛溶液将微生物灭活 10 min。

（2）1 mol/L 的 $NaHCO_3$ 清洗微生物 3 遍后，然后用溶有 1 mg/mL 异硫氰酸荧光素的 $NaHCO_3$（0.1 mol /L，pH 9.0）溶液重悬微生物并在室温条件下暗处振荡孵育 3 h 或 4 ℃条件下过夜孵育。

（3）TBS 清洗三次后，用 TBS 将微生物浓度调至 1×10^8 CFU/mL（OD_{600}=1），4 ℃保存备用。

2. 微生物凝集活性的检测

（1）取 10 μL FITC 标记的微生物与 10 μL 重组蛋白（标签蛋白如 rTrx 蛋白为阴性对照，TBS 为空白对照）。若重组蛋白具有 Ca^{2+} 依赖性则加入终浓度为 10 mmol/L 的 $CaCl_2$ 溶液（对照组不加 $CaCl_2$），在室温条件下孵育 20 min。

(2) 取 10 μL 上述孵育混合物涂于载玻片上，盖上盖玻片后用荧光显微镜观察并拍照。

四、应用实例

长牡蛎凝集素 *Cg*CLecs 重组蛋白对微生物凝集活性检测

使用 FITC 荧光标记对大肠杆菌（*E. coli*）、灿烂弧菌（*V. splendidus*）、金黄色葡萄球菌（*S. aureus*）和毕赤酵母（*P. pastoris*）进行标记，然后将长牡蛎重组蛋白 r*Cg*CLecs 于上述标记微生物进行混合孵育 20 min，用荧光显微镜检测其对不同微生物的凝集活性。

第三节　凝血活性测定

一、基本原理

目前，在海洋贝类的研究中大多数关于凝血活性的检测是集中于凝集素的相关研究。C 型凝集素是一类含有钙离子（Ca^{2+}）依赖糖识别域（Carbonhydraterecognition domain，CRD）的蛋白超家族，是固有免疫系统中的重要模式识别受体（Pattern - recognition receptor，PRR）。海洋贝类中发现了大量的 C 型凝集素家族基因，其最重要的特征是能够通过识别细胞表面的糖类分子结合在多种细胞表面，并在 Ca^{2+} 的参与下凝集细胞。凝血活性测定是鉴定凝集素活性的有效方法之一。当然，目前在海洋贝类中也发现了除凝集素之外的具有凝血活性的蛋白。

二、试剂材料

抗凝剂，TBS - Ca 溶液（TBS 溶液，含 10 mmol/L Ca^{2+}）。

三、操作步骤

(1) 采用预冷的抗凝剂，从新西兰大白兔的耳缘静脉取血，抗凝剂与血液体积比最好大于 3∶1，取完血后上下颠倒混匀。置于 4 ℃或者冰上，可放于 4 ℃进行保存，目前经验可存放 1 周左右。

（2）将血液以 800×g 于 4 ℃离心 5～10 min，收集血细胞。最终按 2%悬于 TBS－Ca 溶液中。

（3）取 96 孔 U 型板，按梯度稀释法将蛋白按 2 倍进行梯度稀释，每孔加入 20 μL 蛋白溶液（蛋白溶于 TBS－Ca 溶液），若蛋白不耐高温，置于冰板上进行上述操作。

（4）将每孔加入 20 μL 稀释后的血细胞悬液，置于 18 ℃培养箱中，静置 1 h 后，观察凝血情况。

四、应用实例

扇贝来源的 C 型凝集素重组蛋白对兔血细胞的凝集作用检测

将海湾扇贝中 Ca^{2+} 结合位点 2 含 epn 基序的三个 C 型凝集素（aictl－2、aictl－3 和 aictl－4）进行免疫功能比较。采用装有预冷抗凝剂的注射器在新西兰白兔的耳缘静脉采血，收集离心并用生理盐水多次洗涤兔血细胞。将兔血细胞与上述凝集素重组蛋白在 18 ℃孵育 1 h 后，检测重组蛋白的凝血活性。发现 raictl－4 在较低蛋白浓度（6.25 μg/mL）下仍具有较强的凝集兔血细胞的活性，而 raictl－2 和 raictl－3 的凝集活性较弱。

第四节　细胞包囊化活性测定

一、基本原理

当免疫细胞遇到较大病原入侵时，如寄生虫等，将不采用单细胞的吞噬功能，而改用一大群细胞不断包被到异物表面，形成包囊化，并最终产生黑化等效应消除异物。

二、相关试剂

TBS buffer（50 mmol/L，pH 7.4），Ni－NTA 琼脂糖颗粒，琼脂糖，抗凝剂（Tris－HCl 50 mmol/L，glucose 2%，NaCl 2%，EDTA 20 mmol/L；pH 7.4）。

三、操作步骤

（1）用含 5 mmol/L $CaCl_2$ 的 TBS 溶液平衡 Ni－NTA 琼脂糖颗粒，分别加入带 His 标签的重组蛋白和 Trx 蛋白（根据标签不同自行选择对照组），4 ℃缓慢震荡过夜。

（2）将蛋白包被的 Ni－NTA 琼脂糖颗粒用 TBS 洗 3 次，每次 5 min，并用 TBS 重悬。

（3）将 48 孔细胞培养板底部用熔化的 1％琼脂糖处理。

（4）取 5 只健康扇贝，用盛有 2 mL 抗凝剂的注射器抽取血淋巴 2 mL，800×g 离心 5 min 收集血淋巴细胞，并用 TBS 重悬细胞。

（5）将血淋巴细胞（1×10^7 个/mL）加入 48 孔培养板中，每孔 200 μL，静置 10 min。

（6）在血淋巴细胞中加入 1 μL 重组蛋白包被的 Ni－NTA 琼脂糖颗粒（120～150 个珠子），18 ℃孵育。

（7）6 h 和 24 h 分别以明视野显微镜观察包囊化结果。每个实验组设 3 个重复。

（8）为了检测血淋巴细胞对琼脂糖颗粒的包囊化作用是否为待测蛋白所介导，在表面结合了目的蛋白的琼脂糖颗粒中加入特异性抗体，4 ℃孵育过夜，TBS 洗 3 次去除过量抗体后，按照步骤（3）～（7）进行包囊化作用检测。

四、应用实例

栉孔扇贝 C 型凝集素重组蛋白促进扇贝血细胞的包囊化活性检测

将保存在 20％乙醇中的 Ni－NTA 填料用 TBS－Ca（5 mmol/L $CaCl_2$）缓冲液进行平衡，然后将栉孔扇贝的 C 型凝集素重组蛋白与填料在 4 ℃进行过夜孵育。用 TBS－Ca 缓冲液洗涤填料 3 次以除去未结合的重组蛋白。取 24 孔细胞培养板，将孔底部加入琼脂糖凝胶，静置凝固后备用。收集健康扇贝的血淋巴并离心获得血淋巴细胞。将血淋巴细胞加入 48 孔细胞培养板，静置 10 min 以上。每孔加入 1 μL 填料，并在 18 ℃孵育 6 h。取 10 μL 混合液滴加至载玻片，封片后镜检观察，并统计包囊化结果。

第五节 基于 ELISA 的 PAMPs 结合活性测定

一、基本原理

酶联免疫吸附测定（Enzyme - linked immunosorbent assay，ELISA），是在免疫酶技术（Immunoenzymatic techniques）的基础上发展起来的一种新型的免疫测定技术。ELISA 过程包括抗原（抗体）吸附在固相载体上称为包被，加待测抗体（抗原），再加相应酶标记抗体（抗原），生成抗原（抗体）-待测抗体（抗原）-酶标记抗体的复合物，再与该酶的底物反应生成有色产物。借助分光光度计的光吸收计算抗体（抗原）的量。待测抗体（抗原）的定量与颜色产生成正比。病原相关分子模式（Pathogen associated molecular patterns，PAMP）是模式识别受体（PRR）识别结合的配体分子，是病原体及其产物所共有的、某些高度保守的特定分子结构，包括脂多糖（LPS）、磷壁酸（LTA）、肽聚糖（PGN）、甘露糖（MAN）、细菌病毒核酸等。基于 ELISA 的 PAMPs 结合活性测定实验常被用于贝类模式识别受体的体外 PAMPs 结合活性测定，包括如甘露糖受体（Mannose receptor，MR）、清道夫受体（Scavenger receptor，SR）、Toll 样受体（Toll like receptor，TLR）等。目前，在海洋贝类中已鉴定到了大量的 PRR，因此基于 ELISA 的 PAMPs 结合活性测定也得到了广泛的应用。

二、试剂材料

包被液（35 mmol/L $NaHCO_3$，15 mmol/L Na_2CO_3，pH 7.6），poly（I：C）、GLU、LTA、MAN 和 LPS（100 μg/mL），3% BSA，2 mol/L 的 H_2SO_4 溶液。

三、操作步骤

（1）用包被液稀释商品化 PAMPs，如 poly（I：C）、GLU、LTA、MAN 和 LPS，稀释至浓度为 100 μg/mL，向 96 孔酶标板每孔中加入 100 μL，4 ℃包被过夜。

(2) 用 TBST 漂洗酶标板各孔 3 次，每次 5 min。

(3) 酶标板各孔中加入 200 μL 3%的 BSA，37 ℃，封闭 1 h。

(4) 用 TBST 漂洗酶标板各孔 3 次，每次 5 min。

(5) 酶标板各孔中加入 2 倍梯度稀释的重组蛋白 100 μL（阴性对照加入标签蛋白如 rTrx，空白对照加入 TBS），如果需要依赖 Ca^{2+} 此时加入终浓度为 10 mmol/L 的 $CaCl_2$ 溶液，18 ℃，孵育 1～3 h。

(6) 用 TBST 漂洗酶标板各孔 3 次，每次 5 min。

(7) 酶标板各孔中加入 100 μL 目的蛋白的一抗（1∶1 000 稀释）或者标签蛋白一抗，37 ℃放置 1 h。

(8) 用 TBST 漂洗酶标板各孔 3 次，每次 5 min。

(9) 酶标板各孔中加入 100 μL HRP 标记的二抗（1∶3 000），37 ℃放置 1 h。

(10) 用 TBST 漂洗酶标板各孔 3 次，每次 5 min；酶标板各孔中加入 100 μL TMB（四甲基联苯胺）底物溶液，显色 10～30 min 加入 50 μL 浓度为 2 mol/L 的 H_2SO_4 溶液终止显色，在酶标仪中于 405 nm 处读取 OD 值。

四、应用实例

长牡蛎 PRR 蛋白 *Cg*DM9CP－3 重组蛋白的 PAMPs 结合活性检测

利用 ELISA 技术检测了 *Cg*DM9CP－3 重组蛋白的 PAMPs 结合活性。在 96 孔板中分别加入 200 mg/L 的 LPS、PGN 和 MAN，孵育 12 h 后，进行清洗和 BSA 封闭，加入 200μL 体积的 *Cg*DM9CP－3 重组蛋白（100 μg/mL，50 μg/mL，25 μg/mL，12.5 μg/mL，6.25 μg/mL，3.125 μg/mL）。标签蛋白作对照。1 h 后，TBST 漂洗，加入 Anti－6×His tag 单克隆抗体（1∶1 000），37 ℃孵育 1 h；TBST 漂洗，加入 100 μL HRP 标记的二抗（1∶4 000），37 ℃孵育 1 h；TBST 漂洗，加入 100 μL TMB 显色。利用酶标仪测定 OD_{405} 值，并计算 P/N＝［P（实验组）－B（空白对照）］/［N（阴性对照）－B（空白对照）］，当 P/N 大于 2.1 时判定结果为阳性，当 P/N 小于 2.1 时判定结果为阴性。

第六节 RNA 干扰技术

一、基本原理

RNA 干扰指的是通过双链 RNA（Double - stranded RNA，dsRNA）诱发的、同源 mRNA 高效特异性降解的现象。dsRNA 导入后，胞质中的核酸内切酶 Dicer 将 dsRNA 切割成小片段 RNA（siRNA）。siRNA 在胞内 RNA 解旋酶的作用下解链成正义链和反义链，继之由反义 siRNA 体内一些酶（包括内切酶、外切酶、解旋酶等）结合形成 RNA 诱导的沉默复合物（RNA - induced silencing complex，RISC）。RISC 与外源性基因表达的 mRNA 的同源区进行特异性结合，因其具有 RISC 核酸酶的功能，可在结合部位切割 mRNA，从而诱发靶 mRNA 的降解反应。由于缺乏细胞系，对于海洋贝类来说，利用体内注射体外合成的 dsRNA 或 siRNA 是目前唯一有效的 RNA 干扰技术，用来敲降目的基因的表达，从而阐明目的基因的功能。这里介绍一种利用 RNA 干扰试剂盒体外合成 dsRNA 的简易方法。

二、相关试剂

RNA 干扰试剂盒（*in vitro* Transcription T7 Kit for siRNA Synthesis，Takara），DEPC 水，水饱和酚，氯仿，乙醇，0.5 mol/L EDTA（pH 8.0），3 mol/L 乙酸钠（pH 5.2），PCR 相关酶及体系，核酸电泳相关试剂，切胶回收试剂盒。

三、操作步骤

1. 靶基因引物设计

设计引物前，采用多种 siRNA 位点预测软件，对靶基因序列进行分析，选取 siRNA 位点较多的区域作为干扰靶点。dsRNA 长度一般在 500～1 000 bp。通常需要设计多对引物（3～5 对），以保证筛选出有效的 dsRNA。订购 Basic 引物及 T7 引物（正义和反义引物 5′端分别加入 T7 启动子序列）。另外，需合成 EGFP 或 GFP 基因干扰引物合成 dsRNA 作为干扰对照组。siRNA 位点预测软件较多，这里介绍几个常用的：

siDirect version 2.0：http：//sidirect2.rnai.jp/

OptiRNAi2.0：http：//rnai.nci.nih.gov/

siRNA Selection Program：http：//sirna.wi.mit.edu/siRNA_search.cgi?tasto=1344897535

2. 模板制备

首先使用 Basic 引物通过 PCR 扩增出目的基因，常规胶回收纯化。将以上纯化产物稀释（50～200 倍），使用 T7 引物进行扩增，常规胶回收纯化后即得到 dsRNA 合成的模板。

3. 体外转录

（1）按照表 5-1 配置转录体系。

表 5-1 体外转录体系

试剂	体积
10×Transcription buffer	2 μL
ATP Solution	2 μL
GTP Solution	2 μL
CTP Solution	2 μL
UTP Solution	2 μL
RNase Inhibitor	0.5 μL
T7 RNA Polymerase	2 μL
Linear template DNA	20 ng 至 1 μg
RNase free distilled H_2O	up to 20 μL
Total	20 μL

（2）将上述溶液均匀混合后轻微离心，将转录反应液收集于反应管底部，42 ℃反应 1～2 h。

（3）加 2 μL DNase Ⅰ，37 ℃保温 15 min。

（4）加 6 μL 0.5 mol/L EDTA，室温放置 2 min，终止反应。

（5）加入 6 μL 水饱和酚和 6 μL 氯仿剧烈混合，12 000×*g*，4 ℃，离心 10 min。

（6）取上清液至新 EP 管中，按 1∶1 比例加入等体积氯仿，混合均匀，12 000×*g*，4 ℃，离心 10 min。

(7) 加 1/10 体积 3 mol/L 醋酸钠 (pH 5.2)，混匀后加 2.5 倍体积的无水乙醇，剧烈混匀，−80 ℃放置 10 min。

(8) 离心机 12 000×*g* 离心 10 min，去掉上清，控干。

(9) 加入 1 mL 70%乙醇洗涤沉淀，12 000×*g* 离心 5 min，去上清，稍离心，用注射器吸干残余液体，于超净工作台风干沉淀。

(10) 加入 50～75 μL DEPC 水溶解沉淀。

(11) 利用琼脂糖凝胶电泳检测 dsRNA 质量，取 1 μL dsRNA 使用核酸定量仪测定浓度。一般为 6～8 μg/μL，每管合成的 dsRNA 400～500 μg。−80 ℃保存待用。

4. RNA 干扰效率评价

(1) 合成的 dsRNA 用 PBS 或者灭菌海水 (SW) 稀释至 1 μg/μL，进行注射试验，每组 6 个平行，组别如下：

Blank 组：不做任何处理。

PBS/SW 组：注射 PBS/SW，100 μL。

EGFP 组：注射 EGFP dsRNA，100 μL。

Target 组：注射 Target dsRNA，100 μL。

对于某些试验可以在注射 12 h 后可再次注射 dsRNA，以保证干扰效率。这里可以通过预实验进行判断。

(2) 根据实验需求获得各个组织或血淋巴细胞 (取样时间视具体情况而定，一般为第一次注射后 24～48 h)，提取总 RNA，反转录为 cDNA，使用 qPCR 检测干扰效率。

(3) 一般认为干扰效率大于 50%为有效干扰。选定有效干扰引物，进行正式干扰试验。

四、应用实例

RNA 干扰技术敲降长牡蛎 *CgIFNLP* 和 *CgSTAT* 基因表达

采用 siRNA 位点预测软件，选取 *CgIFNLP* 和 *CgSTAT* 基因序列中 siRNA 位点较多的区域，在其两端设计干扰引物 (*Cg* IFNLP - RNAi - F: TAATACGACTCACTATAGGGATGGAGAGGAAAAAGGATAAA,

Cg IFNLP - RNAi - R：TAATACGACTCACTATAGGGTGTTTCTCT - TTTCTGTGCTGT；*Cg* STAT - RNAi - F：GCGTAATACGACTCAC-TATAGGGTTCTACGCTACTGTTCG，*Cg* STAT - RNAi - R：GCG-TAATACGACTCACTATAGGCTTCTTGTCATCTCCTTCT）。以长牡蛎 cDNA 或目的基因 pMD - 19 T 重组载体克隆菌株为模板进行 PCR 扩增，同时选取细菌 EGFP 基因制备 dsRNA 合成的模板作为对照组，根据 PCR 扩增体系配制 500 μL 进行 PCR，将产物进行琼脂糖胶验证，若条带单一明亮，进行产物纯化；向纯化的 PCR 产物中加入等体积的酚-氯仿-异戊醇（25∶24∶1）混匀，12 000×*g*，离心 10 min，收集上清至新的 EP 管；加入上清液体积 1/10 的乙酸钠和 2.5 倍体积的乙醇，－20 ℃冰浴 30 min，12 000×*g*，离心 10 min，弃上清；加入 1 mL 75％乙醇清洗沉淀 2 次，风干后使用 DEPC 水溶解并测浓度，保存于－80 ℃冰箱。利用上述 cDNA 模板制备 dsRNA 用于后续干扰实验。

48 只长牡蛎随机分为四组，分别是 Blank、EGFP - RNAi、*Cg*IFN-LP - RNAi 和 *Cg*STAT - RNAi 组。*Cg*IFNLP - RNAi 和 *Cg*STAT - RNAi 组牡蛎分别注射 *Cg*IFNLP 和 *Cg*STAT 的 dsRNA（100 μg）。EGFP - RNAi 注射 EGFP dsRNA（100 μg）作为对照组。为了提高干扰效率，12 h 再次注射等量 dsRNA。12 h 后，取样，提 RNA，建立 cDNA 库，qPCR 检测干扰效率分别是 31％和 50％。

参考文献

黄萌萌，2015. 双壳类 C 型凝集素免疫功能及分子识别机制的研究［D］. 青岛：中国科学院海洋研究所.

李远眉，2022. 长牡蛎 *Cg*PIAS、*Cg*STAT 和 *Cg*Mx1 参与抗病毒免疫的机制初探［D］. 大连：大连海洋大学.

马鹏鹏，2003. RNA 干扰技术的原理与应用［J］. 中国组织化学与细胞化学杂志，12（2）：7.

Li H，Zhang H，Jiang S，et al.，2015. A single - CRD C - type lectin from oyster *Crassostrea gigas* mediates immune recognition and pathogen elimination with a potential role in the activation of complement system［J］. Fish Shellfish Immunol，44（2）：566 - 575.

Liu Y，Wang W，Zhao Q，et al.，2021. A DM9 - containing protein from oyster *Cras-*

sostrea gigas (*Cg*DM9CP－3) mediating immune recognition and encapsulation [J]. Dev Comp Immunol, 116: 103 937.

Yang J, Wang L, Zhang H, et al., 2011. C－type lectin in *Chlamys farreri* (*Cf*Lec－1) mediating immune recognition and opsonization [J]. PLoS One, 6 (2): e17089.

Zelensky A N, Gready J E, 2005. The C－type lectin－like domain superfamily [J]. FEBS J, 272 (24): 6179－6217.

第六章

免疫指标相关实验方法

第一节 基于 FITC 荧光法测定细胞吞噬活性

一、基本原理

FITC（异硫氰酸荧光素）是一种荧光素衍生物，常常作为荧光探针应用于制备分子生物学或糖类聚合物的结合物分子，如葡聚糖、壳聚糖、活性基团等。FITC 常用作蛋白质或多糖的不同底物的标记试剂、标记抗体（IgG）以及其他免疫应用。基于 FITC 荧光法测定细胞吞噬活性是利用 FITC 标记细菌作为荧光探针，使之与相应细胞如血淋巴细胞孵育后，吞噬细胞可直接吞噬荧光标记细菌，通过流式细胞仪监测血淋巴细胞的吞噬过程。海洋贝类中常用于血淋巴细胞的吞噬活性检测。

二、相关试剂

0.1 mol/L $NaHCO_3$，0.1 mg/ml FITC，抗凝剂（0.5% EDTA in PBS），缓冲液（过滤海水 FSSW 或 PBS），4% 甲醛，0.01% 伊文思蓝（Evan's Blue），2 mg/mL 台盼蓝（Typan Blue），50%甘油。

三、操作步骤

(1) 4 000×g，10 min 离心收集微生物。0.1 mol/L $NaHCO_3$ 洗三遍后，孵育在含 0.1 mg/ml FITC 的 0.1 mol/L $NaHCO_3$ 中，25 ℃孵育 2 h，并伴随轻微摇晃，可以过夜标记。

(2) PBS洗三遍至上清无颜色，镜检确认标记效果。用PBS将微生物浓度调至10^9 CFU/mL，避光保存在4 ℃冰箱待用，如要长期保存，建议加入10%甘油。

(3) 加入适当比例抗凝剂将血淋巴抽出后，4 ℃，800×g，离心10 min，收集血淋巴细胞。

(4) 用L15加盐细胞培养基将血淋巴细胞浓度调至10^6个/mL。

(5) 将标记好的微生物和血淋巴细胞以1∶10的体积比，室温避光孵育60 min。

(6) 4 ℃，800×g，离心10 min，收集血淋巴细胞。用L15加盐细胞培养基将细胞重悬，离心，去上清，重悬，样品用300目纱绢过滤后可以用于流式分析。

(7) 流式细胞仪检测吞噬比例。第一相选择纵坐标SSC/横坐标FSC，调整光电倍增管（PMT）参数，至出现合适的细胞形态群。圈定目的细胞，调整FL1光电倍增参数，分析FITC信号值。FITC阳性细胞类群比例即为吞噬细胞所占比例，该部分细胞的平均荧光强度（MFI）即为吞噬效率。所有流式检测实验均需要准备阴性对照组（细胞无处理组），阳性对照组（细胞与FITC－latex beads孵育组），FITC信号的光电倍增参数依据阴性和阳性对照数值进行设定。

四、应用实例

长牡蛎血淋巴细胞吞噬能力的测定

为探究不同类型细胞免疫功能，取未经过免疫刺激长牡蛎的血淋巴细胞体外与FITC标记微球（Bead）或细菌共孵育2 h后，流式细胞仪检测血细胞吞噬能力。结果表明，吞噬细胞与非吞噬细胞能有效区分。吞噬细胞为FITC阳性，主要为直径较大、颗粒度较丰富的一类群细胞；而非吞噬细胞为FITC阴性，主要为直径较小、颗粒度较低或无颗粒细胞。进一步分析长牡蛎不同类型血细胞的吞噬能力发现，颗粒细胞的吞噬率最高（占总细胞12.1%），且吞噬能力最强，单个细胞能吞噬多个微球，吞噬指数（平均荧光强度）高；而半粒细胞吞噬率较低（占总细胞4.13%），吞噬能力也较弱，单个细胞只能吞噬一个微球；无粒细胞则不具有吞噬能力。

第二节　细胞凋亡水平检测

一、基本原理

细胞凋亡水平检测有多种方法，这里重点介绍在海洋贝类中较为常用的两种方法：Annexin V/PI 双染法和 Caspase 3 活性检测法。这两种方法市面上的哺乳动物相关检测试剂盒，被验证也适用于海洋贝类。

Annexin V/PI 双染法：正常细胞（活细胞）具有完好的细胞膜，此时细胞膜的组分之一磷脂酰丝氨酸（Phosphotidylserine，PS）位于细胞膜的内侧，当细胞发生凋亡时，细胞膜的结构发生改变，细胞凋亡早期的一个典型特征是细胞膜内侧的磷脂酰丝氨酸外翻到细胞膜外侧，同时与磷脂酰丝氨酸具有高亲和力、标记了荧光素的膜连蛋白 V（Annexin V）可以特异性地结合外翻的磷脂酰丝氨酸，因此该特征可以应用于细胞的早期凋亡检测。但是晚期凋亡和一些坏死的细胞也可以与 Annexin V 结合，因此引入核酸染料（如碘化丙啶 PI）来将早期凋亡的细胞与之区分。PI 的膜通透性很差，不能进入到正常细胞内，只能标记晚期凋亡或坏死的细胞。因此，在流式细胞仪的结果中可见 AnnexinV－FITC（＋）、PI（－）的细胞为早期凋亡细胞，而 AnnexinV－FITC（＋）、PI（＋）为晚期凋亡或坏死细胞。

Caspase 3 活性检测法：细胞凋亡时的另一个显著特征是 Caspase 3 的活性显著上调。Caspase 家族在介导细胞凋亡的过程中起着非常重要的作用，其中 Caspase－3 为关键的执行分子，它在凋亡信号传导的许多途径中发挥功能。Caspase－3 正常以酶原（32 ku）的形式存在于细胞质中，在凋亡的早期阶段，它被激活，活化的 Caspase－3 由两个大亚基(17 ku) 和两个小亚基（12 ku）组成，裂解相应的细胞质胞核底物，最终导致细胞凋亡。但在细胞凋亡的晚期和死亡细胞，Caspase－3 的活性明显下降。因此，利用 Western blot 或者相应试剂盒检测 Caspase－3 的活性可以反映样品细胞的凋亡水平。

二、相关试剂

Annexin V/PI 双染法所用试剂盒购于碧云天（Annexin V - FITC 细胞凋亡检测试剂盒），Caspase 3 活性检测法所用试剂盒购于南京凯基（Caspase 3 分光光度法检测试剂盒）。

三、操作步骤

（一）Annexin V/PI 双染法

（1）将样品如血淋巴以（600～800）$\times g$ 离心 5 min，弃上清，收集细胞，用 L15 加盐细胞培养基轻轻重悬细胞并计数。

（2）取 5 万～10 万重悬的细胞，（600～800）$\times g$ 离心 5 min，弃上清，加入 195 μL Annexin V - FITC 结合液轻轻重悬细胞。

（3）加入 5 μL Annexin V - FITC，轻轻混匀。

（4）室温（20～25 ℃）避光孵育 10 min，可以使用铝箔进行避光。

（5）（600～800）$\times g$ 离心 5 min，弃上清，加入 190 μL Annexin V - FITC 结合液轻轻重悬细胞。

（6）加入 10 μL 碘化丙啶染色液，轻轻混匀，冰浴避光放置。

（7）随即进行流式细胞仪检测，Annexin V - FITC 为绿色荧光，PI 为红色荧光（注意设置空白对照和 Annexin V - FITC 或碘化丙啶的单染对照）。如果用于荧光显微镜下检测，（600～800）$\times g$ 离心 5 min，收集细胞，用 50～100 μL Annexin V - FITC 结合液轻轻重悬细胞，涂片后，在荧光显微镜下观察并拍照。

（二）Caspase 3 活性检测法

（1）用 L15 加盐细胞培养基洗涤样品 2 次，（600～800）$\times g$，离心 5 min，尽量去除 L15 加盐细胞培养基上清。

（2）在收集的沉淀中加入 50 μL 冰冷 Lysis buffer（注意：使用前每 50 μL Lysis buffer 加入 0.5 μL DTT）。

（3）置冰上裂解 20 min 或冻融 2～3 次，涡旋振荡 10 s（注意：个别较难裂解的样品可以多次冻融）。

（4）4 ℃离心机，10 000 r/min 离心 1 min。

(5) 把离心上清液转移至新的管中，并放置冰上。

(6) 测定蛋白浓度。

(7) 吸取 50 μL 含 50～200 μg 蛋白的细胞裂解上清；如体积不足 50 μL用 Lysis buffer 补足至总体积 50 μL (每组均采用同样的蛋白量进行测定和比较)。

(8) 加入 50 μL 的 2×Reaction buffer (注意：使用前每 50 μL 2×Reaction buffer 加入 0.5 μL DTT)。

(9) 加入 5 μL Caspase－3 底物并于 37 ℃避光孵育 4 h。

(10) 用酶标仪或分光光度计在 405 nm 或 400 nm 波长下测定其吸光度值。通过计算 OD 诱导组/OD 阴性对照组的倍数来确定凋亡诱导组 Caspase－3 活化程度 (注意：要以 50 μL Lysis buffer 和 50 μL 2×Reaction buffer 作为参比)。

四、应用实例

利用 Annexin V/PI 双染法和 Caspase－3 活性检测法检测长牡蛎 *Cg*RGN 介导血淋巴细胞凋亡

通过 RNA 干扰技术敲降长牡蛎 *CgRGN* 基因的表达量后检测血淋巴细胞凋亡率和 Caspase－3 活性。用 Annexin V－FITC 凋亡检测试剂盒 (碧云天) 检测血淋巴细胞凋亡。先用注射器抽取预冷抗凝剂按照 1∶1 抽取血淋巴细胞，以 800×*g* 离心 10 min 后，用 L－15 加盐细胞培养基洗涤血淋巴细胞 2 次并调整血淋巴细胞浓度为 10^6 个/mL，用 Annexin V－FITC 凋亡检测试剂盒中 Annexin V－FITC 结合缓冲液重悬血淋巴细胞，然后与 Annexin V－FITC 和碘化丙啶 (PI) 分别对血淋巴细胞进行染色，室温下避光孵育 10 min，清洗 2 次后用 Annexin V－FITC 缓冲液再悬浮颗粒。总凋亡率等于早期凋亡和晚期凋亡的百分比之和。最后，在流式细胞仪上测量细胞凋亡，根据 10 000 个完整血淋巴细胞记录的数据计算平均细胞凋亡率并分析数据。结果显示，对 *Cg*RGN 表达进行干扰后 12 h，长牡蛎血淋巴细胞凋亡率显著升高。

对 *Cg*Caspase－3 活性进行分析，根据之前的研究选用 Ac－DEVD－*p*NA 为荧光底物，根据制造商的说明，使用胱天蛋白酶－3 活性检测试剂盒检测牡蛎血淋巴细胞中的 Caspase－3 活性（405 nm 处吸光度）。结果显示，对 *Cg*RGN 表达进行干扰后 12 h，长牡蛎血淋巴细胞中 Caspase－3 活性显著升高，与 Annexin V/PI 双染法结果相一致。

第三节　新生循环血细胞数目检测

一、基本原理

细胞增殖是指细胞在周期调控因子的作用下，通过 DNA 复制等反应，完成细胞分裂的过程，是生物体的重要生命特征，多细胞生物以细胞分裂的方式产生新的细胞，用来补充体内衰老或死亡的细胞。细胞增殖检测一般是分析分裂中细胞的数量变化，进而反映细胞的生长状态及活性。细胞增殖研究也是发育生物学、免疫学等细胞水平研究的基础。细胞增殖或新生细胞的研究方法有很多，主要包括 BrdU、EdU、CCK8 标记等方法，其中最普遍的是基于 EdU（5－ethynyl－2′－deoxyuridine，5－乙炔基-2′-脱氧尿嘧啶核苷）标记的方法。EdU 是一种含有一个乙炔基团的胸腺嘧啶脱氧核苷（Thymidine）类似物，当将其注射到动物体内或者对体外培养的细胞进行孵育，EdU 能够迅速扩散到各个器官组织细胞，可以在细胞增殖时代替胸苷（T）掺入到新合成的 DNA 中。EdU 分子中的乙炔基团能与荧光标记的叠氮化合物探针在铜离子催化下发生“点击”（“Click”）反应形成稳定的三唑环，可以使新合成的 DNA 被相应的荧光探针如 Alexa Fluor 488 所标记，通过流式细胞仪或荧光显微镜检测荧光标记细胞，从而实现简单、快速、高灵敏地检测细胞增殖。EdU 标记检测新生循环血细胞数目目前在海洋贝类血淋巴细胞增殖或造血的研究中得到了较为广泛的应用。

二、相关试剂

BeyoClick™ EdU－488 细胞增殖检测试剂盒，4% PFA，波恩氏液，Triton X－100，抗凝剂（20.8 g/L 葡萄糖，8.0 g/L 柠檬酸钠，3.36 g/L EDTA，22.5 g/L 氯化钠，pH 7.5）。

三、操作步骤

（一）新生血淋巴细胞的检测

（1）在取样前的 12 h，每只牡蛎注射 100 μL、2 mmol/L 的 EdU（普遍认为 EdU 处理后的 12 h，是一个合理的检测点）。用预冷的抗凝剂 1∶1 等体积抽取血淋巴，4 ℃，600×*g* 离心 5 min 收集血淋巴细胞。

（2）用预冷的抗凝剂重悬血淋巴细胞，清洗血淋巴细胞，4 ℃离心机，600×*g* 离心 5 min。

（3）根据试剂盒说明书，4% PFA 固定液室温固定血淋巴细胞 15 min，之后 4 ℃、600×*g* 离心 5 min。

（4）1 mL 洗涤液（含 3% BSA 的 PBS）重悬细胞，4 ℃，600×*g* 离心 5 min，重复离心 3 次。

（5）去除洗涤液，每个 1.5 mL 离心管用 1 mL 通透液（0.3% Triton X-100 的 PBS）重悬，室温孵育 10～15 min。

（6）4 ℃，600×*g* 离心 5 min 去除通透液，每管用 1 mL 洗涤液洗涤细胞 1～2 次。

（7）配置 Click 反应液（该试剂现用现配），每孔加入 0.2 mL Click 反应液，轻轻重悬细胞以确保反应混合物可以均匀覆盖样品，室温避光孵育 30 min。

（8）吸除 Click 反应液，用洗涤液洗涤 3 次，每次 3～5 min。

（9）使用流式细胞仪测定 EdU 阳性细胞占全血淋巴细胞的比例。为了实现标准化，流式细胞仪对每个细胞群收集 10 000 个细胞。

（二）组织切片的新生细胞检测

（1）将长牡蛎新鲜的鳃组织或其他组织放入波恩氏液中，室温固定 24 h，在中间 12 h 更换一次固定液。

（2）将固定好的鳃组织放入 70%乙醇中浸泡脱色，每 2 h 更换一次 70%乙醇，直至样品恢复本来颜色，将脱色好的组织放入 4 ℃层析柜暂存。

（3）对组织样品进行脱水、浸蜡后用包埋机将样品包埋，之后对样品进行连续切片，切片厚度为 5 μm，在 50 ℃水浴锅中将切片展开，用多聚赖氨酸处理的载玻片将切片捞起。

(4) 对处理好的石蜡切片进行脱蜡、梯度乙醇复水，详细步骤见第五章第一节。

(5) 将复水后的切片置于 58 ℃ 烘箱中烘干 1 h，取出后放入室温冷却，用免疫组化笔圈出染色区域，PBST (1×PBS+0.5 % Tween-20) 浸泡 5 min，擦干组织周围液体准备免疫染色。

(6) 根据碧云天 BeyoClick™ EdU 细胞增殖试剂盒说明，用 1.3 mL 去离子水溶解一管 Click Additive，混匀至全部溶解，即为 Click Additive Solution，用配置好的 Click Additive Solution 制备反应混合物，该混合物须在 15 min 内用完。每个切片使用 100～200 μL 的反应混合物进行染色，室温避光孵育 30 min。

(7) 用 PBST 浸泡 3 次，每次 5 min。

(8) 按 1∶1 000 比例用 PBS 稀释 Hoechst 33342 (1 000×，用于细胞核染色)，每孔加 1×Hoechst 33 342 溶液 1 mL，室温避光孵育 10 min。

(9) 用 PBST 浸泡 3 次，每次 5 min。

(10) 一张片子加 20 μL 抗荧光淬灭封片液，盖上盖玻片封片，荧光显微镜观察拍照。

四、应用实例

利用 EdU 标记检测长牡蛎 *CgGATA* 基因调控血淋巴细胞增殖的机制

以检测 *Cg*GATA 干扰后的新生血淋巴细胞为例，使用 BeyoClick™ EdU 细胞增殖试剂盒与流式分选技术检测了长牡蛎血淋巴细胞的增殖。为检测新生血淋巴细胞增殖的情况，实验设置了海水组 (Seawater, SW)、对照组 (dsEGFP) 和实验组 (dsGATA)。除注射对应的海水、dsEGFP 片段和 dsGATA 片段外，每只牡蛎还分别注射了 2 mmol/L、100 μL的 EdU (注：2 mmol/L 浓度的 EdU 更容易检测到荧光信号，若溶解 dsRNA 片段的溶剂为海水则设置海水组，若溶解 dsRNA 片段的溶剂为 PBS 则设置 PBS 组)。9 只牡蛎为 1 个实验组，每 3 只混为 1 个平行，共 3 个平行。收集的血淋巴细胞用 4% PFA 孵育以固定细胞 15 min，用 PBST (1×PBS+0.5 % Tween-20) 将细胞通透 15 min。在与预先准备的工作液恒温孵育 30 min 后，将血淋巴细胞重悬液（500 μL）转移到 EP 管中，使用流式细胞仪测定 EdU 阳性信号。

第四节　一氧化氮合成酶活性测定

一、基本原理

一氧化氮（Nitrogen monoxide，NO）作为气体信号转导分子在许多细胞和组织中参与神经传递、血管调节和免疫防御等多种生理过程。一氧化氮合成酶（Nitric oxide synthetase，NOS）是一种同工酶，广泛分布于多种组织中，常见于神经元中，其同工酶有 3 种亚型，即在正常状态下表达的神经元型一氧化氮合酶（neuronal NOS，nNOS）和内皮型一氧化氮合酶（endothelial NOS，eNOS）以及在损伤后诱导表达的诱导型一氧化氮合酶（inducible NOS，iNOS）。nNOS 是可溶性酶，通常可以从哺乳动物脑细胞中提取到；eNOS 是一种颗粒性酶，常见于血管内皮细胞中；iNOS 也是可溶性酶，但是它的表达需要细胞激动素的诱导，分布广泛，最早从被诱导的巨噬细胞中提取到。nNOS 和 eNOS 也叫固有型一氧化氮合成酶，其依赖于钙离子浓度，而 iNOS 则不依赖于钙离子浓度。NOS 活力较低，稳定性差，受多种因素调节，难以测定其活性。理论上，NOS 催化 L-精氨酸（L-Arg）和分子氧反应生成一氧化氮（NO），NO 与亲核性物质生成有色化合物，可在 530 nm 波长下测定吸光度，后根据吸光度的大小可计算出 NOS 的活力。

二、试剂材料和仪器

一氧化氮合成酶（NOS）总测试盒（这里使用南京建成生物工程研究所 A014 试剂盒，做稍微修改，适用于海洋贝类），酶标仪，恒温水浴箱，37 ℃恒温培养箱。

三、实验方法

（1）抽取贝类血淋巴细胞（不加抗凝剂），4 ℃，800×*g*，离心 10 min，取上清，获得血清。

(2) 取试剂一（底物缓冲液）和试剂二（促进剂）的稀释液在 37 ℃摇床中化冻摇匀。

(3) 将试剂二的稀释液加入试剂二的粉剂（淡黄色或白色）中充分混匀。

(4) 按表 6-1 依次添加相对比例剂量的试剂（以长牡蛎血清为例），在 EP 管内混匀。

表 6-1 实验用试剂盒中试剂剂量（试剂一、二、三）

项　目	空白管	样品测定管
蒸馏水（μL）	$X=30$	0
样本（μL）	0	$X=30$
试剂一 底物缓冲液（μL）	20	20
试剂二 促进剂（μL）	1	1
试剂三 显色剂（μL）	10	10

(5) 混匀以上试剂，置于 37 ℃准确反应 15～30 min，肉眼可看到显色反应。同时，将试剂四和试剂五在 37 ℃中化冻摇匀，按照表 6-2 剂量加入试剂四和试剂五。

表 6-2 实验用试剂盒中试剂剂量（试剂四、五）

项　目	空白管	样品测定管
试剂四 透明剂（μL）	10	10
试剂五 终止液（μL）	200	200

(6) 混匀，利用酶标仪在 530 nm 波长处测定各管吸光度值。

四、注意事项

(1) NOS 测定样品最好为新鲜样品，如不能马上测定最好在液氮或−80 ℃中保存，避免反复冻融。

(2) 促进剂最好现配现用，配好后尽量 1 d 内用完，如有剩余则在−20 ℃中保存不超过 1 周；若发现粉剂变为黄褐色或咖啡色，则不可以再用。

（3）试剂一和配好的试剂二应避免反复冻融。

（4）试剂一、二、四、五使用前均需化冻摇匀，确保澄清透明方可使用。

五、应用实例

栉孔扇贝一氧化氮合成酶（*Cf*NOS）的活性测定

（1）用洗脱所得含有扇贝天然 *Cf*NOS 蛋白的溶液分别与一氧化氮合成酶（NOS）总测试盒中的 Elution buffer、nNOS 选择性抑制剂、eNOS 选择性抑制剂和 iNOS 选择性抑制剂在 18 ℃中孵育 30 min。使用一氧化氮合成酶活性测试盒测定各测试组 *Cf*NOS 天然蛋白一氧化氮合成酶活性。

（2）血清 NOS 活力的计算　每毫升血清每分钟生成 1 nmol NO 为 1 个酶活力单位。

$$\text{总 NOS 活力（U/mL）}=\frac{\text{总 NOS 测定管 OD 值}-\text{空白管 OD 值}}{\text{呈色物纳摩尔消光系数}}\times\frac{\text{反应液总体积}}{\text{取样量}}\times\frac{1}{\text{比色光径}\times\text{反应空间}}\div 1\,000$$

$$=\frac{\text{总 NOS 测定管 OD 值}-\text{空白管 OD 值}}{38.3\times10^{-6}}\times\frac{0.241+X}{X}\times\frac{1}{1\times15}\div 1\,000$$

（3）组织 NOS 活力计算　每毫克组织蛋白每分钟生成 1 nmol NO 为 1 个酶活力单位。

$$\text{总 NOS 活力（U/mg）}=\frac{\text{总 NOS 测定管 OD 值}-\text{空白管 OD 值}}{\text{呈色物纳摩尔消光系数}}\times\frac{\text{反应液总体积}}{\text{取样量}}\times\frac{1}{\text{比色光径}\times\text{反应时间}}\div\text{待测样本蛋白浓度}$$

$$=\frac{\text{总 NOS 测定管 OD 值}-\text{空白管 OD 值}}{38.3\times10^{-6}}\times\frac{0.241+X}{X}\times\frac{1}{1\times15}\div\text{待测样本蛋白浓度（mg/L）}$$

第五节 总一氧化氮含量测定

一、基本原理

一氧化氮是机体内一种作用广泛的信号分子，可作为自由基、第二信使、神经递质和效应分子。一氧化氮是由L-精氨酸在一氧化氮合成酶催化下生成的，其本身极不稳定，在细胞内很快代谢为硝酸盐（NO_3^-）和亚硝酸盐（NO_2^-），通过血清中硝酸盐与亚硝酸盐浓度之和才能准确代表体内NO水平，就可以推算出总的一氧化氮的量。这里介绍一种利用试剂盒和比色法检测一氧化氮总量的方法。其原理是使用NADPH依赖性硝酸盐还原酶（NADPH dependent nitrate reductase）还原硝酸盐为亚硝酸盐，然后通过经典的Griess reagent检测亚硝酸盐，从而测定出总一氧化氮含量。此外，高浓度的NADPH会干扰后续的检测，因此在测定亚硝酸盐含量之前使用Lactate dehydrogenase（LDH）清除NADPH，使检测结果更加准确。Griess反应被广泛运用于NO_2^-的定量检测。在酸性条件下，NO_2^-与对氨基苯磺酸和N-萘基乙烯二胺反应生成红色化合物，颜色的深浅和NO_2^-成正比，并在540 nm波长处有最大吸收。

二、试剂材料

碧云天S0023总一氧化氮检测试剂盒，37 ℃培养箱，酶标仪。

三、实验方法

（1）稀释标准品：用稀释或制备样品所使用的溶液把标准品如10 mmol/L KNO_2稀释成2 μmol/L、5 μmol/L、10 μmol/L、20 μmol/L、50 μmol/L。

（2）准备试剂：加约1 mL PCR水至5 mg NADPH中，溶解后再定容至3 mL，配制成2 mmol/L NADPH；Nitrate reductase在临用前取出，试剂盒中的其余各种试剂在溶解后保存在冰浴上；Griess reagent Ⅰ和Griess reagent Ⅱ在使用前需达到室温。

（3）参考表6-3依次加入标准品、样品和检测试剂并进行相应检测。

表 6 - 3　实验中空白对照、标准品和样品配制方法

项　目	空白对照（μL）	标准品（μL）	样品（μL）
标准品	—	60	—
样品	—	—	X
样品稀释液	—	—	60 - X
NADPH（2 mmol/L）	5	5	5
FAD	10	10	10
Nitrate reductase	5	5	5
混匀后，37 ℃孵育 15 min			
LDH buffer	10	10	10
LDH	10	10	10
混匀后，37 ℃孵育 5 min			
Griess reagent Ⅰ	50	50	50
Griess reagent Ⅱ	50	50	50
混匀后，室温（20～30 ℃）孵育 10 min 后 540 nm 测定吸光度			

（4）根据标准品 540 nm 测定吸光度绘制曲线，并计算出 NO 的浓度。

（5）反应过程必须避光，同时设置只加入 200 μL 稀释液的 2～3 个孔为阴性对照。

四、应用实例

长牡蛎血清总一氧化氮含量测定

本实验使用 Beyotime 公司的总一氧化氮含量测定试剂盒对长牡蛎血清内的一氧化氮含量进行检测，用 PBS 按照表 6 - 3 进行配制试剂并测定标准曲线，混匀后，37 ℃孵育 5 min，依次加入 Griess reagent Ⅰ与 Griess reagent Ⅱ。混匀后，室温（20～30 ℃）孵育 10 min 后，540 nm 测定吸光度并计算一氧化氮含量。

第六节　酚氧化酶活性测定

一、基本原理

目前的研究认为，软体动物的免疫主要由细胞免疫和体液免疫组成。

细胞免疫功能的实现主要通过吞噬作用，而体液免疫则主要是以凝集素、抗菌肽、溶菌酶、酚氧化酶等诸多非特异性免疫因子的综合作用而完成的。其中，酚氧化酶（phenoloxidase，PO）是存在于质体或微体中的一类含铜的氧化酶，催化分子氧将多种酚氧化形成醌类化合物，并进一步聚合成棕褐色化合物。在正常情况下，酚氧化酶和底物在动物体内中是分开存在的，L-多巴（L-dopa）是酚氧化酶的一种底物，样品中存在的酚氧化酶会作用于L-多巴，酶活越高，黑化作用越强，OD值就会越高，从而测定出酚氧化酶活力值。

二、试剂材料

（1）裂解液配方，见表6-4：

表6-4 裂解液配制方法

试剂	含量
氯化钠	415 mmol/L
葡萄糖	100 mmol/L
二甲次甲砷酸	10 mmol/L
氯化钙	5 mmol/L

或者用RIPA裂解液（弱）。

（2）L-多巴需溶在磷酸钾盐缓冲液（0.1 mol/L，pH 6.0）中，锡箔纸包裹后4 ℃避光保存。若溶液颜色变黑则表明已氧化，需重新配制。1 L磷酸钾缓冲液（KOH调pH至6.0）配制见表6-5。

表6-5 磷酸钾盐缓冲液配制方法

试剂	含量（g/L）
NaCl	80
KCl	2
K_2HPO_4	14.4
KH_2PO_4	2.4

三、实验方法（以血淋巴细胞酚氧化酶活性测定为例）

(1) 预冷抗凝剂 1∶1 抽血淋巴 1 mL（抗凝剂及比例根据不同实验动物而选择），4 ℃ 800×*g* 离心 10 min。

(2) 1×PBS 1 mL 重悬血细胞 1 遍，4 ℃ 800×*g* 离心 10 min。

(3) 1 mL 裂解液重悬血细胞，冰上 40 W 超声破碎 2 min，4 ℃ 3 000×*g* 离心 10 min，取上清即为血淋巴裂解液（Hemocyte lysate supernatan，HLS）。

(4) 取 96 孔酶标板，每孔加入 100 μL HLS，同时加入 50 μL 胰蛋白酶（1 mg/mL），25 ℃孵育 10 min。

(5) 每孔加入 50 μL L－dopa（4 mg/mL），立刻 490 nm 进行 OD 值检测，程序设定为每 2 min 自动读取数值 1 次，共测 10～15 次。

(6) 每分钟内升高的 0.001 OD 值定义为 1 个 PO 活力单位（U）。

(7) 每相邻两个测定值之间求斜率，取斜率最大的两个相邻时间点(一般在第 12～18 分间)，求出在这两个时间点间每分钟上升的 OD 值。该 OD 值就为测定的 PO 活力值（U）。

(8) 更严谨的表示方法需求出每个样品的总蛋白含量：相对 PO 活力(U/mg)＝PO 活力值（U）/每个样品（HLS）的总蛋白含量（mg）。

四、应用实例

1. 栉孔扇贝酚氧化酶活力的测定

取活力较好的栉孔扇贝 400 只，用灭菌注射器从扇贝的闭壳肌抽取血淋巴，取血过程中不使用任何抗凝剂和缓冲液，将收集的血淋巴在 4 ℃、3 000 r/min 条件下离心 15 min，收集血细胞沉淀，大约 100 mL 血淋巴离心得到的血细胞沉淀 2 mL 预冷至 4 ℃的 PBS 重悬。将重悬得到的血细胞悬液用高速分散器在 4 ℃条件下匀浆 1 min，使血细胞悬液呈糨糊状，然后将血细胞匀浆液用超声波破碎仪在 4 ℃、30％功率下破碎 2 min，最后将血细胞破碎液放入高速离心机中，在 4 ℃ 15 000 r/min 条件下离心 40 min，取上清，即为血细胞裂解液（HLS），暂存于－80 ℃。酚氧化酶活力的测定采用多巴色素测定法，100 μL 待测样品加入 2 mL 浓度为 15 mmol/L的 L－dopa 溶液中，对照中将待测样品替换为同体积的超纯水，多巴色素的形成采用分光光度法测定，使用 U2001 型分光光度计在 490 nm波长下测定光吸收，每隔 3 min 测一次，共测 30 min。酚氧化酶的活力根据 490 nm 光吸收的增长率来计算，将每分钟增长 0.001 定义为 1 个活力单位（U）。

2. 菲律宾蛤仔酚氧化酶活力的测定

使用 1 mL 无菌注射器，从菲律宾蛤仔围心腔中分别抽取血淋巴 400 μL，于 4 ℃下以 4 000 r/min 离心 10 min，收集血淋巴细胞，液氮中冷冻后置于超低温冰箱（−80 ℃）中保存备用。分离采集血淋巴细胞后的蛤仔外套膜 200 mg，用液氮速冻后研成粉末，置于−80 ℃下保存备用。向血淋巴细胞和外套膜样品中加入裂解液 500 μL，用匀浆机匀浆后，于 4 ℃下以 1 000 r/min 离心 45 min，收集上清液用于酶活性和总蛋白含量的测定。将 50 μL 裂解液（包括血淋巴细胞和外套膜组织裂解上清液）加入 96 孔酶标板孔中，再分别加入 50 μL Tris - HCl 缓冲液（0.10 mol/L，pH 8.0），25 ℃下孵育 10 min；每孔分别加入 100 μL 0.04 mol/L L - dopa。混合均匀后置于酶标仪中，在 25 ℃条件下反应 30 min，读取 492 nm 处的吸光度值。L - dopa 的自发氧化采用相同方法同时测定，反应物用纯水替代裂解液，计算时将自发氧化的结果从测定值中剔除。

参考文献

曹婉晴，2022. *Cg*IL17 - 1 及其受体对长牡蛎血淋巴细胞增殖的调节作用［D］. 大连：大连海洋大学.

丁鉴锋，2018. 菲律宾蛤仔橙蛤、斑马蛤和白蛤群体酚氧化酶活性的比较研究［J］. 大连海洋大学学报，33（5）：558 - 563.

董迷忍，2019. 长牡蛎血淋巴细胞分子标记 AATase、SOX11 和 CD9 antigen 的鉴定［D］. 大连：大连海洋大学.

蒋经伟，2012. 栉孔扇贝（*Chlamys farreri*）酚氧化酶的分离纯化及特性研究［D］. 青岛：中国海洋大学.

蒋秋芬，2013. 贝类 NO 系统及其在神经内分泌免疫调节网络中的作用机制研究［D］. 青岛：中国科学院海洋研究所.

王玲玲，2022. 贝类神经内分泌系统对免疫应答的调节机制［J］. 大连：大连海洋大学学报（3）：363 - 375.

王伟林，2017. 长牡蛎免疫适应性（免疫致敏）机制的初步研究［D］. 青岛：中国科学院海洋研究所.

Lian X，Huang S，Han S，et al.，2020. The involvement of a regucalcin in suppressing hemocyte apoptosis in Pacific oyster *Crassostrea gigas* [J]. Fish & Shellfish Immunology，103：229 - 238.

Song X，Xin X，Dong M，et al.，2018. The ancient role for GATA2/3 transcription factor homolog in the hemocyte production of oyster [J]. Developmental & Comparative Immunology，82：55 - 65.

Wang W，Lv X，Liu Z，et al.，2019. The sensing pattern and antitoxic response of Crassostrea gigas against extracellular products of *Vibrio splendidus* [J]. Developmental & Comparative Immunology，102：103 467.

Xu J，Jiang S，Li Y，et al.，2016. Caspase - 3 serves as an intracellular immune receptor specific for lipopolysaccharide in oyster *Crassostrea gigas* [J]. Developmental & Comparative Immunology，61：1 - 12.

第七章
基于细胞的相关实验方法

第一节　基于 Leiboviz's L－15 培养基的贝类原代细胞培养

一、基本原理

Leiboviz's L－15 培养基（简称 L－15 培养基）最初开发用于非 CO_2 依赖型细胞生长环境，其采用了磷酸盐缓冲体系，它含有高浓度的氨基酸来提高缓冲能力，培养基中使用半乳糖代替葡萄糖作为碳源，以阻止培养基中乳酸形成，有助于维持培养液 pH 的稳定，少量溶解的 CO_2 由丙酮酸代谢产生。这一培养基的优点是明显的，适合用于非 CO_2 平衡环境的细胞培养，特别是在保持较高 CO_2 有困难时，例如在长时间的显微操作及生理学研究中。目前，海洋贝类细胞如血淋巴细胞仍无法在体外进行传代培养，利用改良的 L－15 培养基可以进行体外短时间的原代培养。

二、相关试剂

ALS (Alseve) buffer：20.8 g/L Glucose，8 g/L Sodium citrate，3.36 g/L EDTA，22.5 g/L NaCl，pH 7.0，1 000 mOsmol/L；改良版 L－15 培养基（M－L15)：补充 20.2 g/L NaCl、0.54 g/L KCl、0.6 g/L $CaCl_2$、1 g/L $MgSO_4$、3.9 g/L $MgCl_2$、10% FCS，100 μg/mL Penicillin G、100 μg/mL Streptomycin、40 μg/mL Gentamicin、0.1 μg/mL Amphotericin B，pH 7.0，1 000 mOsmol/L。

三、操作步骤

(1) 按血淋巴：ALS=1：1的比例抽取贝类血淋巴，300目筛绢过滤去除组织碎片和细胞团块，800×g离心10 min收集血淋巴细胞。

(2) 收集的血淋巴细胞用L-15培养基洗2～3遍，最后用L-15重悬，调节细胞浓度至（4～8）×10^5个/mL。

(3) 根据不同类型的细胞培养板或培养瓶接种一定体积的细胞悬液(表7-1)。

表7-1 培养皿与细胞培养液的选择用量对应

培养器皿	底面积（cm^2）	加培养液量（mL）
96孔培养板	0.32	0.1
24孔培养板	2	1
12孔培养板	4.5	2
6孔培养板	9.6	2.5
4孔培养板	28	5
3.5 cm培养皿	8	3
6 cm培养皿	21	5
9 cm培养皿	49	10
10 cm培养皿	55	10
25 cm塑料培养瓶	25	5
75 cm塑料培养瓶	75	15～30
25 cm玻璃培养瓶	19	4
100 cm玻璃培养瓶	37.5	10
250 cm玻璃培养瓶	78	15
2 500 cm旋转培养瓶	700	100～250

(4) 接种后的细胞放置于18 ℃培养。

四、应用实例

长牡蛎血淋巴细胞的体外原代培养

将分离出的不同亚型血淋巴细胞重悬于M-L15（含10%胎牛血清，1%庆大霉素和1%链霉素）培养基中，置于12孔培养板中进行培养，每孔含2 mL培养基，培养温度为 18 ℃。每隔 4 d 更换一次培养基，用等量的、预热的新鲜培养基替换掉 3/4 的原培养基。每天观察血淋巴细胞的培养情况。一般情况下可培养 30 d 以上。

第二节 哺乳动物细胞传代培养

一、基本原理

由于海洋贝类缺乏可传代培养的细胞系，研究者常将贝类基因转染至哺乳动物细胞来探究其功能，如将基因体外与载体相连后转染至HEK293T 细胞检测相关报告基因的表达情况。因此，哺乳动物细胞体外传代培养也是贝类免疫学研究的常用实验方法。细胞在培养瓶长成致密单层后，已基本上饱和，为使细胞能继续生长，同时也将细胞数量扩大，就必须进行传代（再培养）。传代培养也是一种将细胞种保存下去的方法，同时也是利用培养细胞进行各种实验的必经过程。

二、实验试剂

HEK293T 细胞（或其他人或哺乳动物细胞），DMEM，fetal bovine serum (FBS)，100×青霉素-链霉素溶液，胰酶（EDTA）。

三、操作步骤

（1）从−80 ℃或液氮中取出冻存的细胞，迅速放入预热好的 37 ℃水浴锅中快速复苏，融化过程中晃动冻存管，使细胞受热均匀。

（2）将融化后的细胞 1 000 r/min 室温离心 5 min 以去除冻存液。

（3）用 1 mL 高糖细胞培养基（90% DMEM，10% FBS，1 mL 的100×青霉素-链霉素溶液）轻轻重悬细胞，转入细胞培养瓶中用 4 mL 高糖细胞培养基继续培养细胞，放入细胞培养箱中（37 ℃，5% CO_2）培养24～48 h。

（4）培养过程中观察细胞状态，当细胞汇合度达到 80%～90%时进行细胞传代。

（5）弃去旧的培养基，加入 150～200 μL 胰酶，室温静置 2～5 min 消化贴壁细胞，正置显微镜观察细胞状态，观察到细胞脱落后加入 2 mL 高糖培养基终止反应（人的 HEK293T 细胞培养可忽略该步骤）。

(6) 轻轻吹打细胞，使细胞尽可能分散开形成单个细胞，保留100 μL 高糖培养基，加入 3 mL 新鲜高糖培养基，继续传代。

(7) 用 4～6 mL 的高糖培养基稀释吹散的细胞，在细胞培养板（6 孔）中每孔各加 1 mL，再在每孔中添加 1 mL 新鲜高糖培养基，完成细胞铺板。

(8) 时刻注意细胞生长状态，正常情况为平均每 2 d 进行一次传代。若培养基发黄，细胞密度较低，需要更换新的培养基。若培养基发黄，细胞有死亡，需要用 PBS 清洗细胞 1～2 次，再进行传代。

四、应用实例

长牡蛎 *CgAIF1* 基因诱导 HEK293T 细胞凋亡

凋亡诱导因子 1（AIF1）是一个保守促凋亡分子，长牡蛎凋亡诱导因子 *CgAIF1* 结构保守，RNA 干扰表达后会降低长牡蛎血淋巴细胞的凋亡率。为进一步探究 *CgAIF1* 介导凋亡的功能，*CgAIF1* 转染至 HEK293T 细胞。具体操作是利用特殊引物克隆 *CgAIF1* 开放阅读框序列（正向引物 CCGGAATTCTGCCACCATGCACCGGCTCGTTCCGTCA；反向引物 AAGGAAAAAAGCGGCCGCCCGTCCTCTGTCCTCCGTTTCC），再与 pcDNA3.1 质粒相连，进而转染至 HEK293T 细胞。细胞转染后利用 MTT 或 CCK8 检测细胞的存活率，利用 Annexin V/PI 双染法检测细胞凋亡率。

第三节　哺乳动物细胞瞬时转染

一、基本原理

细胞转染是将外源性基因导入细胞内的一种专门技术。如本章第二节所述，海洋贝类基因常可以通过细胞转染进一步验证其功能，如双荧光素酶报告基因实验。理想细胞转染方法应该具有转染效率高、细胞毒性小等优点。阳离子脂质体表面带正电荷，能与核酸的磷酸根通过静电作用将 DNA 分子包裹入内，形成 DNA 脂复合体，被表面带负电荷的细胞膜吸附后，再通过膜的融合或细胞的内吞作用，或者直接渗透作用，将 DNA 传递进入细胞，形成包涵体或进入溶酶体。其中一部分 DNA 能从包涵体内释放进入细胞质中，再进一步进入核内转录、表达，从而实现在体外过表达目的蛋白。如今，一种纳米聚合物 Entranster™-H4000，该转染试剂能在瞬时转染过程中表现出毒性低、高效的性能。该种方法比脂质体转染毒性更低、转染效率更高。

二、相关试剂

pcDNA3.1 载体等可以在哺乳动物细胞中表达的载体，无内毒素大提质粒试剂盒，Opti-MEM Reduced serum media，DMEM 培养基，Entranster™-H4000 或 Lipofectamine 3000。

三、操作步骤

（一）HEK293T 细胞培养

人的肾癌细胞 HEK293T 细胞在瞬时转染中效果最佳，因此是用来做细胞转染的常用细胞系。细胞培养步骤如下：

（1）从－80 ℃液氮中取出冻存的细胞，迅速放入预热好的 37 ℃水浴锅中快速复苏，融化过程中晃动冻存管，使细胞受热均匀。

（2）将融化后的细胞 1 000 r/min 室温离心 5 min 以去除冻存液。

（3）用 1 mL 高糖细胞培养基（90% DMEM，10% FBS，1 mL 的 100×青霉素-链霉素溶液）轻轻重悬细胞，转入细胞培养瓶中用 4 mL 高糖细胞培养基继续培养细胞，放入细胞培养箱中（37 ℃，5% CO_2）培养 24～48 h。

（4）培养过程中观察细胞状态，当细胞汇合度达到 80%～90%时进行细胞传代。

（5）弃去旧的培养基，加入 150～200 μL 胰酶，室温静置 2～5 min 消化贴壁细胞，正置显微镜观察细胞状态，观察到细胞脱落后加入 2 mL 高糖培养基终止胰酶反应。

（6）轻轻吹打细胞，使细胞尽可能分散开形成单个细胞，保留100 μL 高糖培养基，加入 3 mL 新鲜高糖培养基，继续传代。

(7) 用4～6 mL的高糖培养基稀释吹散的细胞，在细胞培养板（6孔）中每孔各加1 mL，再在每孔中添加1 mL新鲜高糖培养基，完成细胞铺板。

（二）双酶切法构建转染载体

(1) 设计带有酶切位点的正反引物，根据不同的酶切位点特点，在起始密码子ATG的前端补足1～2个碱基，保证插入的载体的序列可以正常翻译。

(2) 选择对应的限制性内切酶对载体进行双酶切。

(3) 使用T4连接酶，16 ℃金属浴连接16 h。

(4) 将连接产物转化至克隆感受态Trans 5α（DE3）大肠杆菌，取活化后的大肠杆菌40 μL均匀涂在带有氨苄抗性的LB培养基上，37 ℃培养箱中培养24 h，挑取单克隆菌落进行菌落PCR，筛选出带有单一条带的阳性菌落进行测序。

(5) 根据测序结果，挑选测序正确的菌株，使用无内毒素质粒大提试剂盒提取质粒，质粒保存在－20 ℃以备使用。

（三）基于脂质体的细胞转染

(1) 以24孔细胞培养板为例，转染前1 d消化细胞并计数，按每孔（0.5～1.25）×10^5个细胞接种，使其在转染时细胞覆盖率达到50%～80%。

(2) 转染前更换新的培养基，使用无血清培养基洗2～3遍，并加入500 μL Opti-MEM Reduced serum media。

(3) 将0.75 μL Lipofectamine 3000转染试剂溶于25 μL Opti-MEM Reduced serum media培养基中，室温孵育5 min。

(4) 将重组质粒DNA溶解在25 μL Opti-MEM Reduced serum media中，混匀（注意设置对照组）。

(5) 将步骤（3）和（4）配制试剂按照1∶1比例轻柔混匀，室温静置20～30 min。

(6) 将上述混合物加入细胞培养液中，每孔加入50 μL，前后震动细胞培养板，轻柔混匀。

(7) 转移至37 ℃、5% CO_2培养箱中培养18～24 h，后续可以更换正常培养基继续培养。

(8) 采用 Western blot 等检验转染效果并进行后续实验。

(四) 基于纳米聚合物的瞬时转染

(1) 提前 1 d 将细胞种植在 6 孔板中，在细胞密度为 60%左右时转染效果最佳。

(2) 将 4 μg 的 DNA 用 50 μL 的 DMEM 稀释，充分混匀后制成 DNA 稀释液。

(3) 将 10 μL 的 Entranster™- H4000 用 50 μL 的 DMEM 稀释，充分混匀，制成 Entranster™- H4000 稀释液，室温静置 5 min。

(4) 将 Entranster™- H4000 稀释液加入 DNA 稀释液中，充分混匀 (吹打 10 次以上)，室温静置 15 min 后，转染复合物制备完成。

(5) 将 100 μL 的转染复合物加入 6 孔细胞培养板中，添加 2 mL 的高糖培养基，轻柔混匀。

(6) 转染 6 h 后观察细胞状态，若细胞没有毒性等不良状况，不用更换培养基。

(7) 转染后 48 h 弃掉培养基，收集细胞进行功能实验。

四、应用实例

1. 长牡蛎 *CgAKT1* 细胞转染（基于纳米聚合物的瞬时转染）

CgAKT1 的开放阅读框序列用相应的引物（正向引物：CGCG-GATCCGCCACCATGAGTAATTCTGACACTCAC，反向引物：CCGC-TCGAGCGAAACAGCTCATCGGTATGTCT）进行扩增，并克隆到带有 V5 标签的 pcDNA3.1（+）表达载体中，命名为 pcDNA - *Cg*AKT1 质粒。然后利用无内毒素质粒大规模提取试剂盒（天根生物）提取 pcDNA - *Cg*AKT1 和 pcDNA3.1 的质粒。根据标准方法，培养 HEK293T 细胞。在转染之前，将 HEK293T 细胞直接接种在 6 或 24 孔板中。将 HEK293T 细胞分为 3 个组，分别为：空白组（blank）、对照组（pcDNA3.1）、正常实验组（pcDNA3.1 - *Cg*AKT1）。使用 Entranster™- H4000（Engreen）在无血清培养基（Opti - MEM，Gibco）中转染细胞。4～6 h 后，将混合物更换为含有 10%胎牛血清和由青霉素、链霉素组成的抗生素完全培养

基。36～48 h 后，收集细胞样品和培养基上清液。细胞样本用于亚细胞定位、Western blot、cGAMP 和细胞因子表达检测。

2. 长牡蛎 *CgHDAC11* 基因细胞转染（基于脂质体的细胞转染）

利用 PCR 技术和重组引物获得 *CgHDAC11* 基因（正向引物：TGGAATTCTGCAGATGCCACCATGGAAGAAGAAAATCC，反向引物：GCCCTCTAGACTCGATGTGTCAGTCAATGAGGAGCC）。将 PCR 产物与 pmCherry 质粒连接，命名为 pmCherry－CgHDAC11。将重组质粒和空质粒使用无内毒素质粒大提试剂盒提取。设立分组：Control 组（未转染质粒），pmCherry 组（转染 pmCherry 质粒），pmCherry－CgHDAC11 组（转染 pmCherry－CgHDAC11 重组质粒）。利用 Lipofectamine 3000 转染到 HEK293T 细胞中，利用 Histone H3ac（pan－acetyl）antibody 来检测 H3 组蛋白的乙酰化水平变化，以 Rabbit anti－histone H3 antibody 进行组蛋白 H3 定量，判断体外重组蛋白 *Cg*HDAC11 是否具有去乙酰化酶活性。

第四节 报告基因表达实验

一、基本原理

Luciferase 报告基因系统是以荧光素（Luciferin）为底物来检测萤火虫荧光素酶（Firefly luciferase）活性的一种报告系统。荧光素酶可以催化 Luciferin 氧化成 Oxyluciferin，在 Luciferin 氧化的过程中，会发出生物荧光（Bioluminescence）。然后可以通过荧光测定仪也称化学发光仪（Luminometer）或液闪测定仪测定 Luciferin 氧化过程中释放的生物荧光。在海洋贝类中，基于细胞转染，可以进行相应基因启动报告基因表达的实验。

二、试剂材料

双荧光素酶报告基因检测试剂盒。

三、操作步骤

（1）成功转染后，弃去 24 板中的细胞培养液，用 PBS 洗涤细胞

2次。

(2) 每孔加入200 μL细胞裂解液，轻轻摇动混匀，室温放置15 min后收集细胞裂解液。

(3) 细胞裂解后，10 000～12 000 r/min离心3 min，收集上清。

(4) 将海肾荧光素酶检测底物（100×）与海肾荧光素酶检测缓冲液按照1∶100的比例混合配制成海肾荧光素酶报告基因检测工作液。

(5) 将步骤（4）中配制的海肾荧光素酶检测工作液加入多功能酶标仪中，并设置好测定程序。

(6) 根据样品的数量向96孔白色酶标板中加入萤火虫荧光素酶检测试剂，每孔100 μL，随后立刻在每孔中加入20 μL细胞裂解上清液混匀，测定萤火虫荧光素酶活性。

(7) 酶标仪将自动向每孔中加入100 μL海肾荧光素酶检测工作液，并测定海肾荧光素酶活性。

四、应用实例

长牡蛎 *CgIRF-1* 基因双荧光素酶报告基因实验

分别以获得的*CgIRF-1*基因为模板，采用特异性的重组引物（正向引物：GGGGTACCCATAACGTTTGATTAACTTGAC，反向引物：CCGCTCGAGTGAATCGTATAATGATTAATGG），进行PCR扩增。按照常规方法将目的基因的PCR产物与pcDNA3.1质粒进行连接。以长牡蛎类干扰素蛋白基因（*CgIFNLP*）上游1 000 bp基因非编码区为模板，采用特定引物（正向引物：GGGGTACCATGAAACGGTCAGACGAG-AAAATG，反向引物：CCGCTCGAGCACATACTGTTGTGTGGTG-GTC），进行PCR扩增。常规方法将以上PCR产物及pGL3-basic载体进行连接。将以上所有的质粒，包括pGL3-control、pGL3-basic、pcD-NA3.1、pRL-TK（内参质粒）、pcDNA3.1-*Cg*IRF-1以及pGL3/*Cg*IFNLP promotor进行去内毒素质粒提取，−20 ℃保存待用。每个组设6个复孔，每个孔每种质粒总量为0.2 ng，内参质粒pRL-TK总量为0.02 ng。利用Lipofectamine™ 3 000进行转染实验，每组设6个复孔，每孔质粒总量为0.2 ng，内参质粒PRL-TK总量为0.02 ng。转染成功后，使用双荧光报告基因试剂盒测定目的基因对 *Cg*IFNLP 启动子区的转录活性。

第五节　基于 DAPI/Hochest 33258 的细胞核染色

一、基本原理

DAPI 和 Hochest 33258 均为可以穿透细胞膜的蓝色荧光染料，可以与 DNA 结合。与双链 DNA 结合后，DAPI 最大激发波长为 364 nm，最大发射波长为 454 nm；Hochest 33258 最大激发波长 352 nm，最大发射波长 461 nm。DAPI 染色液只可用于固定细胞或组织的细胞核染色，荧光稳定；Hoechst 33258 染色液对细胞的毒性较低，除固定细胞或组织的细胞核染色外也可直接用于活细胞或组织的细胞核染色，但其荧光强度较弱，易淬灭。DAPI/Hochest 33258 的细胞核染色常用于海洋贝类血淋巴细胞滴片或者组织切片免疫荧光染色。

二、相关试剂

DAPI/Hochest 33258 商品化试剂。

三、操作步骤

（一）固定细胞或组织细胞核染色- DAPI/Hoechst 33258

（1）固定　将含有细胞或组织的载玻片置于湿盒中，4%多聚甲醛或甲醇/丙酮固定液室温固定 30～60 min（或者 4 ℃固定 3 h），PBST 清洗 3 次，每次 5 min。

（2）透化（选做）　0.5% Triton X－100 透化 5 min，PBST 清洗 3 次，每次 5 min。

（3）染色　在样品区域加入一定量的 DAPI/Hoechst 33258 染色液，确保覆盖样品，染色 3～5 min（染色效果不好时可以适当调整染色时间）。

（4）PBST 清洗 3 次，每次 5 min（可多清洗几次）。

（5）染色区域滴加适量防淬灭液，封片，使用荧光显微镜观察。

（二）活细胞或组织细胞核染色－Hoechst 33258

（1）用 PBS 或合适的缓冲液制备 0.5～10 μg/mL Hoechst 33258 染

色液。

(2) 细胞培养物中加入适量 Hoechst 33258 染色液，约 1/10 细胞培养基体积，必须充分覆盖住待染色的样品。

(3) 培养细胞 10～20 min。

(4) 用 PBS 或合适的缓冲液洗细胞 2 次，直接或封片后使用荧光显微镜观察。

四、应用实例

长牡蛎 *Cg*TRIM1 蛋白在血淋巴细胞中亚细胞定位

采用免疫荧光化学技术检测 poly (I：C) 刺激 6 h 后 *Cg*TRIM1 蛋白在长牡蛎血淋巴细胞中的分布情况。抽取长牡蛎血淋巴，与抗凝剂按 1∶1 体积比混合，4 ℃，800×*g*，离心 10 min，以收集血淋巴细胞；去上清后，加入 2 mL PBS 重悬血淋巴细胞，4 ℃，800×*g* 离心 5 min（重复 3 次），以清洗血淋巴细胞；用适量 L15 盐培养基重悬血淋巴细胞，调节细胞悬液浓度；在载玻片上用组化笔圈出一块直径 1 cm 左右圆形区域，待笔迹干后在其中滴入 100 μL 血淋巴细胞悬液，室温孵育 1 h 使其贴壁，形成单细胞层。根据 DAPI 染色法对细胞核进行染色。Alexa Fluor 488 标记的 *Cg*TRIM1 抗体以绿色荧光信号展示，DAPI 染色的细胞核以蓝色荧光信号展示。

第六节　基于 DiI 的细胞膜染色

一、基本原理

DiI 是最常用的细胞膜荧光探针之一，呈现橙红色荧光。它是一种亲脂性膜染料，进入细胞膜后可以侧向扩散逐渐使整个细胞的细胞膜被染色。DiI 在进入细胞膜之前荧光非常弱，仅当进入到细胞膜后才可以被激发出很强的荧光。其中，最大激发波长为 549 nm，最大发射波长为 565 nm。

二、相关试剂

DiI 染液，PBST。

三、操作步骤

(1) 将含有细胞或组织的载玻片置于湿盒中。

(2) 在样品区域加入一定量的 5 μmol/L DiI 染液，确保覆盖样品，染色 30～60 min。具体染色时间需要摸索，建议先试一下染 30 min，镜检后再调整。

(3) PBST 洗 3 次。

(4) 甘油封片，在倒置荧光显微镜下观察。

四、应用实例

长牡蛎 *Cg*IL17－1 和 *Cg*IL－17R1 蛋白在分离血淋巴细胞中的亚细胞定位

收集的血淋巴细胞放置于载玻片上静置 2～3 h，使血淋巴细胞贴壁后弃掉上清；然后用 4%的多聚甲醛固定 3 h 后弃掉上清；再用 PBST 洗涤三次，然后用 3%胎牛血清白蛋白在 37 ℃下封闭 30 min，然后与抗 *Cg*IL－17－1 或抗 *Cg*IL－17R1 抗体（1∶800 稀释于 3%牛血清白蛋白中）在 4 ℃下孵育过夜；然后经 3 次 PBST 洗涤后，与 Alexa Fluor 488 偶联二抗（1∶1 000 稀释于 3%牛血清白蛋白中）在 37 ℃黑暗中孵育 1 h，然后分别在玻片表面加入 DAPI（1∶2 000 稀释于 PBS）和 DiI（1∶4 000 稀释于 PBS 中），分别对细胞核和膜进行染色。用甘油保存载玻片，在倒置荧光显微镜下观察。

参考文献

董迷忍，2019. 长牡蛎血淋巴细胞分子标记 AATase、SOX11 和 CD9 antigen 的鉴定［D］. 大连：大连海洋大学 .

胡嘉波，2012. 人胚胎干细胞传代培养及细胞化学染色特性［J］. 中国组织化学与细胞化学杂志，21（2）：182－5.

鹿蒙蒙，2018. 长牡蛎干扰素调节因子（*Cg*IRF－1 和 *Cg*IRF－8）对干扰素系统调控机制的初步研究［D］. 大连：大连海洋大学 .

袁培，2022. 长牡蛎组蛋白乙酰化酶的鉴定及其免疫调节作用的初步探究 .［D］. 大连：大连海洋大学 .

Chazotte B，2011. Labeling nuclear DNA using DAPI［J］. Cold Spring Harb Protoc,

1：5556.

Hou L，Qiao X，Li Y，et al.，2022. A RAC - alpha serine/threonine - protein kinase (*Cg*AKT1) involved in the synthesis of *Cg*IFNLP in oyster *Crassostrea gigas* [J]. Fish & Shellfish Immunology，127：129 - 139.

Qiao X，Hou L，Wang J，et al.，2021. Identification and characterization of an apoptosis - inducing factor 1 involved in apoptosis and immune defense of oyster，*Crassostrea gigas* [J]. Fish & Shellfish Immunology，119：173 - 181.

Wang J，Qiao X，Liu Z，et al.，2021. A tripartite motif protein (*Cg*TRIM1) involved in *Cg*IFNLP mediated antiviral immunity in the Pacific oyster *Crassostrea gigas* [J]. Developmental & Comparative Immunology，123：104146.

Wang J，Wu X - P，Song X - M，et al.，2014. F - 01 A，an antibiotic，inhibits lung cancer cells proliferation [J]. Chinese Journal of Natural Medicines，12 (4)：284 - 289.